解任

マイケル・ウッドフォード
オリンパス元CEO

Michael Woodford

早川書房

解任

最良の友人である、宮田耕治とミラー和空に捧ぐ

すべての動物は平等である
しかしある動物はほかの動物よりも
もっと平等である

——ジョージ・オーウェル『動物農場』

もしも、勝利と災難の両方を経験しても
どちらの騙《かた》りにも同じ態度で臨むことができるなら
もしも、あなたの話した真実が詐欺師によってねじ曲げられ
愚者をたばかる餌にされたとしても
あるいはあなたが人生を捧げたものが壊されたとしても
それに耐えることができるなら

——ラドヤード・キップリング「もしも」

目次

主要登場人物

マイケル・ウッドフォード……オリンパス代表取締役社長
ナンシー……ウッドフォードの妻
エドワード……ウッドフォードの息子
イザベル……ウッドフォードの長女
菊川　剛……オリンパス代表取締役会長
森　久志……オリンパス副社長
山田秀雄……オリンパス監査役
髙山修一……オリンパス新社長
森嶌治人……オリンパス副社長
國部　毅……三井住友銀行頭取
宮田耕治……元オリンパス専務。ウッドフォードの支援者
ミラー和空……ウッドフォードの日本でのスポークスマン

菊川　剛

森　久志

髙山修一

はじめに

本書は、オリンパスの社長であった私が内部告発者になるまでの記録であり、また、私と愛する家族、友人たちによる戦いの記録でもあります。

私は二一歳でオリンパス傘下のキーメッド社に入社して以来、オリンパスに三〇年の歳月を捧げ、思いがけなくもその社長となりました。当時、日本の有名企業では、日産のカルロス・ゴーン、ソニーのハワード・ストリンガー、日本板硝子のクレイグ・ネイラーらの外国人トップが活躍していましたが、私とこの三人には明確な違いがあります。彼らがそれぞれの事情で外部から社長になったのに対して、私は「生え抜き」の「サラリーマン」社長でした。

私は会社に長年の忠誠を尽くし、世界の同僚たちと協力して身を粉にして働き、海外の販売会社、地域統括法人で利益を上げ、そして、二〇一一年四月、オリンパス・グループを率いる社長になったのです。妻子をイギリスに残し、代々木公園近くの渋谷のマンションに単身赴任して、日本の優秀な「ものづくり」企業であるオリンパスの改革を前進させる使命を全うするつもりでした。

しかし、私の就任後すぐ、オリンパスが企業買収に関連して不明朗な巨額の支出を行っていたことが判明しました。のちに、それは過去の財テクによる損失の隠蔽に使われていたことが明らかになります。私はこの不正の責任の所在を追及したせいで、同年一〇月一四日、わずか半年で解任されました。そしてやむなく、事実を公《おおやけ》に告発するに至りました。

「別のやり方はなかったのか?」

オリンパスの同僚、知人、ジャーナリストをはじめとする多くの人々が私にそう尋ねました。なかには、「高額の報酬をなげうって自分の会社を告発するなんて愚かだ」とさえ言う人もいました。私を公然と非難する同僚がいました。多くの仲間が私から去って行きました。

それでも、先程の質問に対する私の答えは「ノー」です。これからもその答えが変わることはないでしょう。私の行動は会社と株主の利益を最大限に考慮したものであり、不正への強い嫌悪に基づいたものでした。別の正解があったとは思えないのです。そもそも、はじめから告発を念頭に置いていたわけではありません。あくまで社内的に、自発的に問題を解決すべく動いた結果が、残念なことに今回の「解任」と「告発」に繋がったのです。

私は日本を愛しています。東京の人々、その道徳心、都市の多様な魅力、そして最高の食事を愛しています。丁寧さと礼儀正しさ、名誉を重んじる心も。ヨーロッパやアメリカでは、秘書たちは私にお辞儀など絶対にしてくれません。プライベートで行った山や温泉、時間どおりに発着する新幹線、そのすべてを愛していました。それに世界の人々は誤解しています。日本のサラリーマンはロボットのように仕事ばかりしているわけではありません。私は彼らと酒とカラオケで盛り上がるにぎやかな幾夜を過ごして、多くの仲間と一生ものの深い友情を結びました。

私はここに、私が知りうる限りのオリンパス事件の経緯を開示します。なぜならそれが日本の未来にとって非常に重要だと思うからです。オリンパス事件は、単に一《いち》企業のコンプライアンスやガバナンスだけの問題ではありません。そこには、日本の資本主義、ジャーナリズム、不況に苦しみ停滞する社会の今後について多くの示唆が含まれていると私は信じています。

プロローグ

解任

二〇一一年一〇月

二〇一一年一〇月一三日、解任の前日、私はオリンパスの最高経営責任者（ＣＥＯ）として東北を訪れていました。東日本大震災の被災地でボランティアをする社員たちを励ますためです。震災から七カ月が経ち、日本の企業はその素晴らしい忍耐力を世界に示し、国の復興計画も、他の国で自然災害が起きたときに比べてはるかに速く進んでいました。それでも、地震と津波の爪《つめ》痕《あと》はまだあまりにも無残でした。オリンパスの有志たちは、がれきに覆われた田畑を熱心に片付けていました。彼らは明るく、前向きで、沈みかけていた私の心に一筋の光を与えてくれました。

私はあらためて思いました——社員は会社の誇りだ、と。

日本は助け合いの精神を持つ素晴らしい国です。しかし、この国にも利己的な人々がわずかながらいます。オリンパスの社内にもです。不正を働きながら、高給を食《は》んでいる経営者たちがいました。数カ月のあいだ、私は彼らと戦ってきました。その二日前、会長の菊川剛《きくかわつよし》に宛てて、過去の不明朗なＭ＆Ａ（企業の合併・買収）に関する大手監査法人プライスウォーターハウスクーパース（以下、ＰｗＣ）による調査報告を示し、経営陣の一新――特に、菊川会長と森久志《もりひさし》副社長の辞任――を強く求める手紙とメールを送っていました。この手紙とメールは他の取締役全員と現在オリンパスを担当する監査法人にも同時に送っていました。

　私はまだ、取締役たちがみずから進んで法的責任を果たすことを期待していたのです。

　東京へ帰る新幹線の車中、私のソニーＶＡＩＯに一通のメールが届きました。それは翌一四日、本社で臨時の取締役会が開催される旨の通知でした。議題は「Ｍ＆Ａに関するガバナンス上の課題について」とありましたが、その詳細の説明はありませんでした。そのとき、私は人生ではじめての首を覚悟しました。辞めるのが菊川や森であれば、事前に私への説明があるはずです。つまり、根回しです。取締役会の議題については、事前に社長としての意見が求められるのが通例でした。しかし、根回しがないということは、今回の議題は「菊川」や「森」でなく、「ウッドフォード」に違いありません。

　周囲の景色が時速二五〇キロ以上であっという間に通り過ぎていきます。後ろの席の子供が無邪気に笑うのを聞きながら私は思いました。菊川さんはまだ自分の王国にしがみつこうとしているのか……。

翌朝起床すると、すぐに同僚と待ち合わせて私のＰＣを託し、イギリスに送る手はずをつけました。ＰＣには社内外の支援者とやりとりしたメールが残っていました。これは絶対に菊川らに渡せない情報です。私が解任されたのち、仲間たちが不当な扱いを受けるのは目に見えていました。

新宿モノリスビル一五階のオフィスに行くと、私の秘書が泣き腫らしたような顔で待っていました。プロ意識の高い彼女は何も言いませんでしたが、これから起きることを知っていたのだと思います。実際、彼女は私が解任され会社を去るまで、隣の京王プラザホテルに行っているようにと命じられていました。彼女は日本語のできない私が東京で快適に過ごせるように、実際的な手配を一手に引き受けてくれていました。シャツやエスプレッソマシンの買い物に付き合ってくれたときのことはいまもよく覚えています。

朝九時、臨時取締役会開始の時刻になりました。ダークスーツに身を包んだ私は自分のオフィスを出て、会議室に入りました。緊迫した雰囲気が流れていました。普段は誰も会話などしないのに、その日は他の取締役たちが心配そうにひそひそと言葉を交わしていました。私は長テーブルの右奥のいつもの席につきました。

「オハヨウゴザイマス」

私は日本語で言いました。下手な日本語ではありますが、挨拶やお礼などは可能な限り日本語で言うようにしていました。

何人かが私の挨拶に返事をしました。ですが、その誰ひとりとして私と目を合わそうとはしません。私は通訳されない日本語のざわめきをただひたすら聞いていました。

オリンパスの取締役会は、時間厳守の日本の文化の習いで、指定された時間には会議室に全員が揃っているのが通例でした。そしておおむね定刻通りに終わるのです。その日の出席予定者は取締役一三名、通訳者二名、秘書室の記録役が一名でした。しかし、肝心な人物がひとり欠けています。この会議を招集した当の本人、会長の菊川です。こんな日に遅刻なんて、と私は苛立ちを覚えました。

九時二分。左隣に座る副社長の森と目が合いました。いつもの無表情で、その顔からは何の感情も読み取れません。私はわざと大げさに時計を見て、眉を上げました。菊川さんはまだですか？　森は身を乗り出し、私の無言の問いかけを無視して、英語でこう聞いてきました。

「マイケル、東北はどうでした？　色々と感じるところがあったでしょう？」

東北の荒廃した光景がまだ生々しく記憶に残っていました。ボランティアたちのすがすがしい姿勢と比べて、場を取り繕《つくろ》うような彼の質問は本当に下卑《げび》たものに感じられました。腹の底から怒りがこみ上げてきました。

「ふざけるな！　あなたたちの腹はわかってる。さっさと始めてくれ」

私が会議の目的を理解していると悟り、森は慌てて上司を探しに行きました。周囲ではぴりぴりとしたムードの会話が続いていました。森との話を聞いた数人は、ちらちらと私の顔を窺《うかが》っています。まるで、処刑を待っているような気分でした。

九時七分。小走りの森を従えて、ついに光沢のある青いスーツを着た菊川が登場しました。彼は取締役たちに会釈すると、不安そうな様子でネクタイをいじりました。そのネクタイは、彼がしばらく前に買った三本セットのひとつで、帝国ホテルの高級ブティックで一本五〇〇ドルもしたと自慢していたものです。彼の革靴はぴかぴかと輝いていました。

菊川は、私のすぐ右側の最上席の椅子にはつかず、パワーポイントのプレゼンテーションでもするかのように入口そばの演壇に立ちました。私は同時通訳のレシーバーを耳に付けました。菊川は軽く咳払いをすると手元のメモに目をやり、次のように告げました。ゆっくりと抑揚《よくよう》をつけて。

「本日の取締役会は過去のM&A活動についての懸念を話し合う予定でしたが、その議題はキャンセルされました。代わりにふたつの動議があります。最初の動議は、ウッドフォード氏の社長、CEOおよび代表取締役からの解任の提案です。ウッドフォード氏には一切の発言を許可しません、なぜなら審議の結果に利害関係があるからです」

驚きのどよめき、ことによると異議を唱える声さえあがるかもしれない――そう期待して待ちました。私が前もって送っていた手紙と資料を読めば、不正の存在は明らかなはずです。しかし、会議室の沈黙を破る者はいませんでした。

菊川が決を採《と》り、私以外の取締役一二人が一斉に挙手をしました。秘書室の記録役が、挙手した役員の名前を書き留めながら、会議室をひとまわりしていきます。それはまるで喜劇のようでした。議論もないのです。ただ黙従あるのみでした。

不思議なことに、私は笑い出したくなりました。あまりに非現実的な出来事でした。私の同僚たち――その中には二十数年来の知人もいます――は会社の利益を護るべき立場にありながら、会社の不利益を全員一致で支持したのです。それだけではありません。彼らは不正の証拠をすでに見ていたのです。つまり、法的責任を問われかねない立場にいたのです。にもかかわらず……。

　私は菊川をじっと見つめました。高級なスーツの仕立て、五〇〇ドルのネクタイの完璧な結び目、鼻の下のひきつった笑い、そして眼鏡に映る頭上の照明の反射を。すべてが滑稽《こっけい》に見えました。菊川が沈みゆく船の船長のようでした。いらない重荷を海に捨ててしまえば、船がすぐに平衡を取り戻し、水平線の彼方《かなた》へと静かに航海を続けられる、と本当に信じているのでしょうか。

　菊川が視線を少し遠くにやり、ふたたび話し始めました。

「ふたつ目の動議です。ウッドフォード氏を、アメリカとヨーロッパを含む、すべてのオリンパスの海外法人のＣＥＯおよび会長の職から解任し、それらの職を森久志氏が引き継ぐことを提案します」

　ふたたび取締役全員が何も言わずに挙手しました。秘書室の人間が道化のように記録を取ってまわり、取締役会は閉会となりました。

　時刻は九時一五分。開始からたった八分しか経っていませんでした。

　私は誰とも目を合わせずに最初に会議室から出ました。足早にではなく、ただ歩いて外に出ました。大きなショックを受けていましたが、それは解任のせいではありません。私はただ、取締役会の決定が理解できなかったのです。あまりにも非合理的な決定でした。

私は物珍しい外国人社長として、日本の社会から大きな注目を浴びていました。しかも、二週間前にＣＥＯに就任したばかりです。日本では企業のトップが解任されるということは極めて稀《まれ》なので、メディアはこぞってこの事件を報じ、色々と裏をさぐるに違いありません。それでも、彼らは私を首にしたのです。つまり、不正の証拠が公《おおやけ》になる可能性が出てきたということです。それこそ彼らがもっとも恐れていた事態のはずではないでしょうか？　それ以外の何を恐れるというのでしょうか？

私の脳裏を、今回の事件の発端となったビジネス誌『ＦＡＣＴＡ』の暴露記事がよぎりました。特に、オリンパスの不明朗なＭ＆Ａと「反社会的勢力」の関連が指摘されていた二〇一一年一〇月号の記事が。私は恐怖に取り憑《つ》かれました。取締役会が恐れていたのは闇社会なのでしょうか？　犯罪組織でしょうか？　そうでなければ、彼らの行動には説明が付かないように思えました。

逃げるんだ、ここから出なくては。私の直感はそう告げていました。私は怯《おび》えていました。自分のオフィスに戻り、金庫の中から印鑑と三井住友銀行の預金通帳を取り出しました。特に日本語の印鑑には触れられたくありませんでした。不正行為が行われていたのですから、関係者が偽造文書をでっちあげる可能性があると思ったのです。

人の気配に振り向くと、開け放していたドアから、取締役のひとり川又洋伸《かわまたひろのぶ》が秘書室長の無口な男性を連れて入って来ました。川又はなぜか笑顔でした。日本人はきまりの悪いときに微笑むものだとは知っていますが、彼の笑いはそのような微笑みとは違いました。彼は楽しんでいるようでした。

「会社の携帯を返してください」

川又の無礼な言葉に怒りがこみ上げてきました。私はＣＥＯや社長ではなくなりましたが、依然、取締役の地位にありました。日本の会社法では、株主だけが取締役を解任できることになっているのです。

「サムスンのギャラクシーは返すけど、データは消去してある。ｉＰｈｏｎｅは英国法人から支給されているものだから、返さない。妻が心配するといけないから。君はこれも取りあげるつもりか？　君は警察官か？」

私は拳を握りしめてこらえたことを覚えています。彼を殴ってやりたかった。もし彼が私に指一本でも触れていたら、ついかっとなり、我を忘れたかもしれません。暴力は嫌いですが、もしも触れられていたら……。

こちらの剣幕に川又は狼狽《ろうばい》していました。彼の顔からいっとき、笑みが消えました。ｉＰｈｏ

ｎｅは日曜日に英国法人のオフィスに返却すると私は答えました。

「では、ＰＣを返してもらえますか？　ソニーのを二台お持ちですね？」

「いや、それはできない。すでにロンドンに送ってしまったんだ。データを消去して、日曜日の晩にイギリスで返すよ」

川又は不服そうでしたが、こう続けました。

「また、あなたのマンションの件ですが、今週末には退去してください。会社支給のクレジットカードも返却をお願いします」

マンションの賃料の五一パーセントは自腹で払っていましたし、私はまだ会社の一員でした。こんな処遇を受けるいわれはありません。しかし、怒りは徐々に静まり、冷たいあきらめに変わっていきました。

「マンションの鍵もカードも日曜日にイギリスのオフィスに返すよ」

最後に川又は、空港へ向かう際には社用車と運転手は使わないように、と言いました。

「リムジンバスを使うといいですよ」

川又は勝ち誇ったような顔をしていました。胸が悪くなるような振る舞いでした。その顔に笑みがふたたび浮かび、私は心の底から当惑しました。日本人との付き合いはずいぶん長いのですが、こんな非礼は経験したことがありません。なにもかもが非日本的でした。私も立場上、やむなく従業員に解雇を宣告したことがありますが、その際には、私は極力丁寧に、相手の身になって対応してきたつもりです。それが礼儀だと心得ていたからです。笑いを浮かべるなど考えられませんでした。

秘書はすでに姿を消していました。川又は、一五階から一階に下りる私に同行せず、私は胸を撫で下ろしました。エレベーターが降りていくあいだ、私は鼻で大きく呼吸しました。額《ひたい》と首の後ろに冷や汗がにじみ、手は氷のように冷たくなっていました。

ロビーに着くと、大股で勢いよくキラリと光る大理石の床の上を歩き、早朝のラッシュアワーが終わったさわやかな東京の朝へと踏み出しました。手を上げると、すぐに一台のタクシーが停止して、ドアが自動的に開きました。タクシーの中にいること、そして会社から離れることに安心し、身体から緊張が抜けていきます。私は、白い手袋をした両手をハンドルの一〇時と二時の場所にゆったりと置いている運転手に、マンションの住所が書かれたカードを示しました。運転手を急かしたくなるのを我慢しながら。

私の――厳密に言えばもう私のものではない――マンションはひっそりとしていました。部屋に入ると真っ直ぐに寝室へと向かい、引出しと戸棚から服を取り出し、荷物をまとめ、家族の写真やなにかを手当たり次第ひとつのスーツケースに詰め込みながら、窓の外や玄関の物音に油断なく耳を澄ませていました。さきほど、ロビーで数人の見慣れない男を見かけたのです。男たちは横目でちらちらとこちらを監視していたような気がしました。

私は完全に疑心暗鬼に陥っていました。突然喉が渇き、蛇口から一息に水を飲みました。スーツケースを閉じ、玄関ドアの近くまで来ると、一瞬ためらいました。のぞき穴から外を見ます。廊下には誰もいません。私はドアを開けて外に出て、後ろでドアが静かに閉まるにまかせました。

よく晴れた日でした。着替える余裕はなく、私はまだスーツ姿でした。汗ばみながら、私は代々木公園へとスーツケースを転がしていきました。ブリーフケースと小さなバッグも抱えていました。

東京にはあまり開けた場所はありませんが、マンションから歩いて五分ほどのこの公園はもっとも広い空間のひとつです。私は人でにぎわう週末にこの場所を訪れるのが好きでした。ロンドンやニューヨークの人々と同じように、東京の人々も独自のやり方でストレスを解消する方法を知っています。この公園では、武術を練習する老人たちの横で、時代遅れのロカビリー音楽にのってダンスするグループがいます。その周りを、バービーのような、芸者のような、ピンクの細かい刺繡が施された人形みたいな服を着た若い女性たちが、日傘をクルクル回しながらゆっくりと歩いていきます。彼女たちの細部へのこだわりと熱心さは感動的でさえあります。しかし、この日は人々をながめるような気分ではありませんでした。

私はアイスクリーム・スタンド横の誰もいないベンチに近づきました。子供たちの遊ぶ声がそこらじゅうにあふれていました。少しほっとしました。私を監視している不審な人物はいないようです。

私はまず残っている携帯電話を使ってオリンパスの元専務で、家族ぐるみの付き合いをしていた宮田《みやた》耕治《こうじ》に連絡をとりました。

「信じられない」

親子二代でオリンパスに仕えた宮田はそう言うと、私に出国を勧めました。彼もオリンパスの対応を不可解だと考えていました。

次に『フィナンシャル・タイムズ』の東京特派員ジョナサン・ソーブルに電話をかけました。社長就任時、彼からインタビューを受けたことがあったのです。

「会えるかな?」とジョナサンに聞きました。「今すぐに」

ジョナサンは、私の解任がすでに記者会見で発表され、ニュースになっていると教えてくれました。私は「独断専横な経営」のため解任されたことになっているそうです。私が日本流のやり方に従わず、日本の企業文化と合わなかった、というのです。そんなのはくだらない嘘でした。ジョナサンは特ダネの匂いを嗅ぎつけ、落ち着いて話せる近くの静かなカフェで会おうと提案しました。

カフェは代々木公園から大通りを挟んだところにありました。アイスコーヒーを注文してからジョナサンが来るまでの短い時間が永遠にも感じられました。十数分で到着したジョナサンは冷静で、落ち着いていました。私は解任までの経緯を手短に説明して、事前に用意していた黒いフォルダーを手渡しました。そこには、自分が取締役たちに送った六通の告発の手紙とそれに対する返信、ＰｗＣの調査報告、その他関連資料のコピーが入っていました。

「これを記事にしてほしい」私は言いました。「大至急」

ジョナサンはオリンパスや関係する監査法人から裏取りする必要があると答えました。ジャーナリストとしてしかるべき検証をする必要がある、と。この記事を翌日一面で発表してくれるなら、『フィナンシャル・タイムズ』の独占にしてもいいと私は持ちかけました。一面を飾ることが重要でした。事実が広く公《おおやけ》になれば、私とその家族だけでなく、私を支援してくれたオリンパスの社員たちの安全も確保されるはずです。同時にこの告発はオリンパスのためにもなると強く信じていました。

また、このとき、私は日本のメディアや捜査当局に連絡しようとは考えませんでした。彼らは『FACTA』の一連の記事を無視しつづけていたからです。彼らに望みを託すのはあまりにリスクが高いと感じていました。

ジョナサンは極めて重要なストーリーだから、すぐにデスクに相談すると答えました。

「これからどうするつもりだい？」彼は尋ねました。

「行かなくては」私の声はパニックに震えていました。

「いつ？」

「今……すぐにだ」

羽田空港は混んでいました。パニックは収まらず、私は自分がまだ尾行されていると半ば確信していました。出発時刻表示板を見上げ、アジア、オーストラリア、あるいはそれより遠くまで行くすべてのフライトを確認しました。次のロンドン行きは何時間も後でした。

それでは遅すぎる。

私は日本を愛していましたが、この日ばかりは一刻も早く国外に出たいという一心でした。私は香港行きのフライトを見つけ、チケットを購入しました。

それから、シドニーの姉に電話をかけ状況を説明しました。そして二、三時間後に妻のナンシーに連絡して、私の無事と、香港に着いたら電話をする旨を伝えてほしいと頼みました。イギリスは真夜中で、妻はまだ眠っていると思ったのです。後になって彼女が一晩中起きていたことがわかったのですが。

出国審査を経て、ラウンジでの短いひとときを過ごし、それから出発ゲートで搭乗を待つあいだも不安は静まりませんでした。飛行機に乗り込みシートベルトを締めたときにようやく、少し落ち着き、エンジンの唸《うな》りを聞き、飛行機が滑走路を走り、やがて機体が後方へ傾き、日本から離れたときにはじめて、もう大丈夫だという気持ちになりました。

三時間半後、香港に到着しました。ナンシーに電話をし、何も心配しなくてよいと安心させました。罪のない嘘でした。しかし、必要な嘘でもありました。心配することなら、あとで一緒にできます。それから、『フィナンシャル・タイムズ』のジョナサン・ソーブルに電話をしました。ジョナサンは関係者の取材を着々と進めていました。

ロンドン行きのフライトは満席で、人がひっきりなしに行き来するトイレ横の席しか空いていませんでした。不快な臭いに苛立ちが募りました。そのころまでにショックと恐怖はだいぶ和《やわ》らいでいましたが、今度は深い悲しみが襲ってきました。私は三〇年勤めた会社を追放されたのです。これからどうすればいいのでしょうか。オリンパスの社員たちのことも心配でした。彼らはあんな経営陣のもとで働きつづけなければならないのです。しかも、私に近い社員が閑職に追いやられたり、不本意な異動を命じられたりする可能性もありました。いいえ、可能性ではありません、きっとそうなることがわかっていました。それが菊川のやり方です。

疲れ切っていましたが、すっかり目は冴えていました。頭を空っぽにして休息をとるために、出されたものは何でも食べ、赤ワインを何杯か飲みましたが、あまり効果はありません。エンターテインメント・システムの最新ハリウッド映画にも集中できず、結局、スクリーンに映る飛行経路――家への安全なルートを示す点線――をずっと見つめていました。

夜明け少し前、ヒースロー空港に到着しました。早朝にもかかわらず、空港の人混みはクリスマス直前のデパートのようでした。いつ終わるとも知れない入国審査の長蛇の列に並びながら、私の心は家に帰ってきたという深い安堵《あんど》に満たされていきました。税関を通り抜け、ナンシーの腕の中に迎えられると、その気持ちはさらに強まりました。

ナンシーは、何も言わずに私を抱きしめました。それから、ショルダーバッグから『フィナンシャル・タイムズ』の朝刊を取り出したのです。私の写真が目に飛びこんできました。記事は一面にありました。名高い「レックス」コラム欄と、中面の特集記事にも。

その瞬間――朝の六時の第三ターミナルに立っていたその瞬間――私の人生は永遠に変わったのです。

私は内部告発者になったのでした。

「家へ帰りましょう」とナンシーが言いました。

私たちはターミナルを横切り、駐車場へ向かいました。一〇月のロンドンは東京よりも数度ばかり気温が低く、私は襟《えり》を立てました。車まで来ると、ラジオがオリンパスの事件をトップニュースで報じていました。運転手が早朝の静かな道路へと車を進めていきます。私は鞄の中を引っ掻きまわしてｉＰｈｏｎｅを見つけ、電源を入れました。すぐさま不在着信、メール、留守番電話の件数を知らせる通知音が鳴りました。何十通ものメールが届いていましたが、最初の一通を読む間もなく、電話が鳴り出しました。

電話は鳴りつづけました。昼も、夜も。そして、それから数カ月間ずっと鳴り止むことはありませんでした。

第1章 発 覚

二〇一一年七月

社長就任会見時の写真。左・菊川。右・著者

ヨーロッパ全土が異常な暑さにうだっていた二〇一一年七月、私はドイツのハンブルクに滞在していました。オリンパスの社長に就任して三カ月が経ち、私は世界を飛び回っていました。私は現場主義者です。新宿モノリスビル一五階のオフィスに鎮座したままで、オリンパスのような企業を経営できるとは考えもしませんでした。本業の売上は三分の二近くがヨーロッパと北米、中南米から来ているのです。精神的にも肉体的にも厳しいですが、絶え間なく世界中を移動して優秀な現場監督になる必要を感じていました。最低でも二年間は。アメリカ大陸での事業にはまだまだ改善されるべき点が多かったのです。

オリンパス欧州法人の無味乾燥な会議室での長い取締役会が終わったころ、私のノートPCに東京の友人からメッセージが届きました。

月刊誌『FACTA』の記事を読んだかい？

その雑誌は一匹狼のジャーナリスト――阿部重夫《あべしげお》――が発行人兼編集主幹を務める会員制のビジネス誌ですが、その時点では名前すら知りませんでした。当時、私は物珍しい「生え抜き」の外国人社長として注目を浴びており、日本のメディアで何かと取り上げられていました。密着取材するテレビ・クルーもいたほどです。私も会社のアピールのために求められれば可能な限り取材を受け、ビジネス上の様々な問題やそれ以外の話題にも喜んでコメントしていました。注目を浴びるのは楽しいことでもありました。

そういう状況だったので、『FACTA』の記事もまた私の人物評か何かだろうと思いました。せめてポジティブな評価を得ていればと願いながら、私は返信しました。

読んでないな。どうして？　なにか面白いことでも？

すぐに返信がありました。それは外国人社長についてではなく、オリンパスの過去のM&Aに関する不明朗な損失についての告発記事とのことでした。しかし、そのときはそれが大事《おおごと》とは捉えませんでした。友人は記事の概要を送ってきてくれただけで、その詳しい中身はわかりませんでした。ただ、オリンパスは極めて保守的な社風で知られた会社です。不正行為に関わる可能性は皆無だと信じていました。それに、企業買収において、相手の純資産を大きく超えた額を支払うことはよくあることです。特に他企業との競り合いになった際には。問題は、時価評価額に上乗せされる「のれん代」が高すぎると判断された場合、自社の株価が下落する可能性があるだけで、それは単にマーケットでの問題にすぎません。私は企業買収の過程に何かまずい点があっただけだろうと考えました。

私は七月二八日に日本に戻り、翌日、新宿モノリスビルにて月例の取締役会議に出席しました。ことによっては、『FACTA』の記事について、緊迫した議論があるかもしれない、とかすかな期待を抱いていました。我々の取締役会で本物の議論が交わされることは稀《まれ》で、いつもそれを不満に思っていたからです。通常、議題は根回しの上、会長の菊川と私によって事前に承認されており、会議はただのルーティンでした。その日も、議事はいつもどおり、和《なご》やかに、時間通りに進行しました。記事を話題に上げる取締役はいませんでした。

いささか不安ではありました。が、みずから進んでその話題を持ち出すほど、十分な情報を持ってはいませんでした。

記事の詳細を知ったのはその週末のことです。私は日本人の仲間たちと近場の温泉へ旅行に出掛けていました。郊外へ向かう電車の中で、友人のひとりが、記事を翻訳して聞かせてくれたのです。

記事の見出しは、「オリンパス――『無謀M&A』巨額損失の怪」とかなり挑発的でした。悪魔のように見える菊川の写真が使われています。記事によれば、オリンパスが売上高がそれぞれ二億円にも満たないベンチャー企業三社（産業廃棄物処理会社アルティス、電子レンジ容器の企画／販売を行うNEWS CHEF、化粧品や健康食品を通販するヒューマラボ）を、○八年三月期にあわせて七〇〇億円近くで買収、子会社化し、翌年にはほぼその全額を秘密裏に減損処理（実際には全額ではなかった）したというのです。

また、売上規模五〇〇億円、総資産が一〇〇〇億円程度のイギリスの医療機器メーカー、ジャイラスを二七〇〇億円もの高額で買収したことについても触れていました。さらに記事は、この不明朗なM&Aによる損失と怪しげな投資顧問会社グローバル・カンパニーとの関係を指摘して、会長の菊川の経営責任を厳しく追及していました（『ＦＡＣＴＡ』二〇一一年八月号、七月二〇日発売）。

「しっかりした情報源がありそうだね」読み終えた友人は言いました。「これは非常にシリアスだよ。君が社長なんだから」

私は衝撃に凍りつきました。他の仲間も口を開こうとはしませんでした。彼の言うとおりです。いい内部情報なくしては書けない記事でした。もしこれが事実だとすれば、オリンパスの評判と価値が著しく損なわれるのは間違いありません。この件を見過ごすことはできません。私が社長なのです。私が社の決算書類と監査報告にサインをする立場にいるのです。

車窓を日本の風景が通り過ぎていきました。周囲には車内販売の売り子が行き来し、遊んでいる子供たちやイヤホンで熱心に音楽を聴く人たちがいました。仲睦まじいカップルも。見慣れた景色でしたが、私は現実から乖離《かいり》したような感覚にとらわれていました。

心は先日の取締役会に戻っていきます。『ＦＡＣＴＡ』の記事は明らかに最優先で議題にされるべき重要な問題でした。すくなくとも、社長である私に報告があってしかるべきです。しかも、六月の株主総会の前に、『ＦＡＣＴＡ』はオリンパスに対して記事掲載の予告と共に質問状を送りつけていたそうです。質問状は彼らのホームページでも公開されていました。菊川や他の取締役の耳に入っていないはずはありません。一体、あの和《なご》やかな取締役会は何だったのでしょうか？

オリンパスの心臓部で、私の知らない何かが進行していました。

週明け、八月一日の月曜日の朝、私は意を決して、日本の英字新聞の朝刊を開きました。一面にもそれ以外の面にもオリンパスの過去のM&Aを糾弾する記事はありませんでした。イギリスであれば、『FACTA』のような雑誌がスキャンダルを書き立てれば、数時間後に金融ニュースのヘッドラインを飾り、株価に影響することもありえます。

しかし、『FACTA』の知名度のせいもあるかもしれませんが、日本のメディアは何らかの理由で、今回の記事を無視していました。のちに聞いた話では、複数の有力メディアの記者たちがこの不明朗なM&Aについて事前に摑《つか》んでいたといいます。なぜ記事にならなかったのか、私には不思議でなりません。

私は新宿モノリスビルに出社して、オフィスでこの件の報告を待ちましたが、ドアをノックする社員はいませんでした。私は本当にこの会社の経営者なのだろうか？　私は自問しました。昼食前、ついに我慢できなくなって、二人の信頼を置いている部下を呼びました。そして、『FA

CTA』を掲げ、こう尋ねたのです。

「この記事を読みましたか？」

二人の表情に怯えが走りました。答えはイエスでした。しかも、驚いたことに、私には言ってはならないと固く口止めされていたというのです。

「誰に？」私は尋ねました。

二人は一瞬口ごもったあと、おずおずと答えました。

「菊川さんです」

どちらも私がもっとも信頼していた日本人の部下でした。ひとりとはヨーロッパ時代からの長い付き合いがあり、ビジネスに対する考え方を共有していると信じていました。そんな彼らでさえ、菊川の命令には背《そむ》けなかったのです。ショックでした。そもそも、なぜ口止めが必要なのでしょう？


あまりの怒りと不安に、その夜はよく眠れませんでした。

私は白黒をはっきりさせることで社内では知られていました。過去にも、社内の不正に対して断固とした態度で臨んできたからです。そのことは菊川が一番よく知っていたと思います。

二〇〇五年、東ヨーロッパのとある国の医療当局への贈賄という重大な社内の不正が見つかったことがありました。その当時、オリンパス・メディカル・システムズ・ヨーロッパの代表取締役社長だった私は関係者全員の懲戒解雇を主張しました。私の要求を菊川は承認し、事件に関与した役員たちは退職金なしで解雇され、このような行為が決して許されないことをはっきりと知らしめました。

その三年後には、ドイツ当局の税務調査により、欧州法人の取締役がコンサルタント料の名目で元同僚に約一〇〇万ユーロを不正に支払っていた事実が発覚しました。私はすぐさま東京へ行って報告し、ふたたび関係者への厳罰の支持を菊川から得ました。しかし、その「コンサルタント料」の回収のために民事で訴えることは許可されませんでした。オリンパスの評判に傷がつく、と菊川が主張したからです。結局、二〇一一年三月に、ドイツの検察官が関係者を刑事告発しましたが。

浅い眠りのなかで寝返りを打ちながら、私は悶々としていました。家族にもよく言われるのですが、私は極端な心配性で、気にしはじめると問題が解決されるまで満足できない質《たち》なのです。

翌日、菊川と直接話そうと決意しました。私は社長であり、責任ある行動を起こすべき義務がありました。それに、菊川の説明を聞けば、誤解が解け、記事がただのデマだったということになるかもしれません。

菊川と私の関係は、彼がアメリカの統括会社のトップをしていた九〇年代にさかのぼります。十数年にわたる長い付き合いです。アメリカ流に、彼は私をマイケルと呼び、私は菊川をトムと呼んでいました。

菊川は私のパトロンで、私は菊川の右腕でした。同僚たちもそう認識していたと思います。私と彼がとても親しい関係にある、と。菊川は二〇〇〇年代の前半に当時の常識だった地域割りの販売責任制度を飛び越えて、それまで赤字だったアメリカの手術用医療機器事業と工業製品事業をヨーロッパを担当していた私に任せてくれました。この決定にはアメリカの社員から大きな反発がありましたが、私は成果を残しました。また、ヨーロッパでのヘルスケア事業、次にヨーロッパにおけるオリンパスの事業全体を統括する責任者に任命してくれたのも彼です。菊川は私の手腕と功績を高く評価してくれていました。私も会社に対するのと同じくらいの忠誠心を、彼に感じていました。

印象的な思い出がひとつあります。私が長年の交通安全運動への貢献が認められて、大英帝国勲章（ＭＢＥ）を受勲したときのことです。彼は東京にある高級イタリア料理店に連れて行ってくれました。ローマに本店のある有名店でした。彼はモンブランの万年筆をプレゼントしてくれて、私の活動に最大の敬意を表してくれたのです。私は菊川の心遣いに感激しました。あの万年筆は今でも持っています。

ときには、菊川と互いの妻についてのジョークを言い合うこともありました。私はスペイン人の情熱的で頑固な妻をよく冗談の種にしたものです。また、菊川は彼の愛犬のプードルのことをよく話しました。彼はプードルたちを本当にかわいがっていて、PCのスクリーンセーバーにもその写真を使っていました。菊川は気さくで、ユーモア精神に富んだ人物でした。私たちは非常に良好な関係を築いていました。

ただ、菊川と私の関係はあくまで仕事上のものだったと思います。私が敬愛する、内視鏡事業の元トップの河原一三《かわはらいちぞう》や宮田耕治のあいだに生まれたような個人的な付き合いはありませんでした。オリンパスの現在の収益源である内視鏡事業を育て上げた河原は私の最高のヒーローでした。叩きあげの技術者から事業のトップになった彼は、戦後の日本の良さを体現する人物だったと思います。清書され、提案された企画書に「これはゴミだ」「考えが足りない」などと赤ペンで書き入れるので、日本人の社員のあいだではひどく恐れられていたといいます。発言にも容赦が無く、毀誉褒貶《きよほうへん》の激しい人物でした。それでも彼は類稀《たぐいまれ》な経営者でした。誰の言葉がたわごとで、誰の言葉が信用に足るかを見分ける嗅覚を持ち合わせていました。また、日本では珍しく欧米人の使い方を知っている人物でもありました。

私がもっとも尊敬するのは河原の公私の区別です。彼の退職後に、一度昼食を共にしたことがありました。彼は席に着くなりこう言ったのです。

「今日の昼飯は誰が払うんだ」

それは、もう自分はオリンパスに昼飯をご馳走になる理由はない、という意味でした。彼は退職後すぐに、所有するオリンパス株を売り払っていたので、今はただの個人だというわけです。

私は慌てて、自分が個人のクレジットカードで払うと答えました。背筋が伸びる思いがしました。

私は河原を気軽にファーストネームで呼ぼうと思ったことはありません。


しかし、菊川との関係が仕事上に限られていたとしても、私の彼と会社への忠誠心は本物でした。だからこそ、彼は私を社長に抜擢したのだと思います。

二〇一〇年一一月、私は議題のない会議のために日本に呼ばれました。当時社長だった菊川は、彼のオフィスに入った私を温かい笑顔で迎え、いきなりこう言ったのです。

「マイケル、君にオリンパス・グループの社長になってもらいたいんだ。私の後継として。私はここを変えることができなかったが、君ならできる」
オリンパスは内外に四万人の従業員を抱える巨大な企業です。デジタルカメラ事業がよく知られていますが、医療用内視鏡が今の中核事業で、特に消化器分野では世界で七〇％以上のシェアを誇っています。連結での売上は八八〇〇億円（二〇一〇年度）にも達します。そのすべてを任されるのは大きな責務でした。しかしそれだけに、やりがいも感じました。五〇歳の私には新しいチャレンジが必要だったのです。

菊川から頼まれたのも感じ入るところがありました。菊川はデジタルカメラで一時代を築き、長年社のトップに君臨してきました。その彼が、オリンパスのような極めて保守的な会社で、外国人の私の功績を認め、社長という栄誉を与えようとしてくれているのです。必ずしも賛成の声ばかりではなかったはずでした。それでも彼は決断したのです。私に断る理由はありませんでした。私は会社へ示した三〇年の忠誠への答えがこのオファーなのだと思い、感動しました。

貧しかったこともあり、私は一六歳で家を出て働きはじめました。パブのシェフ、エンジンの製造工場で見習いなどをしたのち、一七歳で清涼飲料水会社の「突撃」セールスマンとして正式に就職しました。その後、一九八一年、二一歳のときに、オリンパスの医療事業の英国代理店のキーメッド社（一九八六年よりオリンパスの完全子会社）にセールスマンとして入社したのです。中等教育修了後、しばらく夜間学校でビジネスを学びましたが、結局卒業はしませんでした。ですから、私のビジネスや会計の知識は働きながら独学で身につけたものです。それは数学ほど複雑ではなく、本を読み、『フィナンシャル・タイムズ』を毎日読めば自然と身につくものです。

マネージメントについては、キーメッドの創業社長アルバート・レディホフにその基礎を叩きこまれました。彼は私の最初の師でした。レディホフの指導はときに大《だい》の大人を泣かせるほど厳しいものとして有名でしたが、私は彼の指導を受け、新しいセールス方式を考案して、オリンパスの内視鏡や手術用機器を売りに売りました。すぐに販売課長、販売部長と昇進して、二九歳のときには社長として会社を任されるまでになりました。

キーメッドは急成長を遂げました。菊川は収益性の高いキーメッドをオリンパスの「宝石」だと誉めそやしました。そして私は、二〇〇四年一〇月、キーメッドの上位会社で、グループの売上の四割を作るオリンパスの中核企業オリンパス・メディカル・システムズの取締役になり、二〇〇五年一月には同社欧州法人のトップを任されました。私の昇格後三年で、ヨーロッパでの利益は倍増しました。そして、アメリカでも主要な事業を任されるようになり、売上と収益率を大きく改善させました。二〇〇八年にはヨーロッパでのビジネスすべてを統括するオリンパス・ヨーロッパ・ホールディングのトップになり、オリンパス本体の執行役員にもなりました。

私は人生の大半を、オリンパスの優秀な製品を世界じゅうで販売するために捧げたのです。充実した三〇年でした。会社への愛着と忠誠心は大きくなるばかりでした。

そしてついに、長年の貢献が認められ、グループ全体のトップへの昇格が告げられたのです。

菊川のオファーに、私は迷わず「イエス」と答えました。

私には菊川が期待する改革を実行する自信がありました。優秀な同僚たちの力を借りれば、さらに会社を発展させることは可能だと私は考えていました。特に医療事業においては成長の余地は大きく残っており、デジタルカメラも新技術の開発、新製品であるデジタル一眼のオリンパスペン・シリーズの成功で挽回の芽が出てきていました。

しかし、私の前に突然、不可解な壁が立ちはだかったのです。

第2章 対決

二〇一一年八月（1）

八月二日の午前八時、私は菊川とオリンパスの得意先である家電量販店のトップを訪問する予定がありました。彼と直接話し合う決意は固まっていましたが、それは極めてぎこちない会合になることも予想されます。私はまだ、菊川のほうからこう言ってきてくれることを期待していました。

「聞いてくれ、マイケル。こんな記事が出た。過剰な支払いの理由はちゃんと説明できる」

二人で家電量販店のトップを訪れた後はきっとよい機会になるはずです。ふたりだけでコーヒーでも飲もうと誘ってくれて、理にかなった釈明をしてくれれば、私は本業にふたたび集中することができます。ご存知のように、そんな都合のよい展開にはなりませんでしたが。今でも、彼がこの時点ですべてを告白してくれていたなら、と思います。もっと違う、穏やかな対応ができたことでしょう。しかし、菊川にはみずからの地位と名声を手放す準備ができていなかったのです。

私は社長に就任して、これまで以上に多くの時間を菊川と東京で過ごすようになった結果、彼に『ジキル博士とハイド氏』のような二面性があることに気づくようになっていました。明るく寛大で、説得力があり、人を魅了する度量を持つ一方、頑迷で、傲慢で、見栄っぱりなところがありました。ふたつの顔があるようでした。ネクタイの高価さを自慢し、禁煙のはずの会議室でひとり悠々と煙草をくゆらせていました。反対意見には耳を貸さず、異を唱える者は遠くに追いやられました。一〇年も大企業のトップに君臨して、誰も彼に歯向かわなかったのですから、権力に汚染されてしまうのが当然なのでしょうか。しかし、長年経営者を務め、人格的にも尊敬できる人間は少なくありません。

家電量販店のトップとの面会は表敬が目的で、会話は和やかに進みました。私は彼の慈善事業に惹かれ、仕事よりも、そちらの話に終始しました。会合の終わりに「おみやげ」として、彼は菊川と私に野球のチケットを二枚ずつプレゼントしてくれました。すると、菊川は私の手からそれをさっとひったくったのです。七〇代とは思えぬ素早さでした。

「マイケルはイギリス人だからサッカーなんですよ。野球じゃないんです」

家電量販店のトップは曖昧《あいまい》に微笑みました。私は菊川の無作法にむっとしましたが何も言わず、四枚のチケットは彼のスーツのポケットに消えて行きました。菊川の行動の真意は測れませんが、ときどきこのような不可解な行動があったことは事実です。

我々は別々の車で帰途につきました。コーヒーへの誘いはなく、私は決断しなければなりませんでした。

オフィスに帰る車中から私は秘書に電話しました。

「会長と森さんに会う必要がある。緊急の案件だ」

森は財務担当の副社長なので、この件について詳しいはずです。秘書は折り返しかけてきてこう言いました。

「今日は難しいです」

菊川は午後の早い時間に会社を離れる予定でした。それでも再度強く要請すると、一〇分後に連絡がありました。

「昼食中でしたらお会いできるそうです」

会合は私のオフィスに隣接した会議室で開かれました。そこは他の会議室と同様、ベージュ色の壁とダークウッドの机のある地味な部屋です。高度な先端技術を誇る企業にしては古臭い、七〇年代を思わせる部屋でした。窓はありましたが、ブラインドはいつも下ろされていました。会議室に入ると、菊川と森がすでに私を待っていました。ふたりの前には寿司の大皿が、そして私の席の前にはキオスクで売っているようなわびしいツナサンドが置かれていました。あれは意図的な侮辱だったのでしょうか？　私が寿司を好きなのは彼らも知っていたはずです。別に食べものにこだわっているわけではありません。食欲などなかったのですから。とはいえ、それは何かしらのゲームのはじまりに思えました。

菊川と森は笑みを浮かべていました。態度も非常に友好的でした。私は温かく迎え入れられたと言ってもいいでしょう。しかし、私が『ＦＡＣＴＡ』を取り出し、菊川の写真が載ったオリンパスの記事を開くと、菊川が急に緊張した様子を見せました。表情が厳しくなり、同時に笑おうとしているので、頰《ほほ》の筋肉がひきつっていました。森の目は雑誌に釘づけになっています。

「なぜ誰も教えてくれなかったのですか？　こんな深刻な問題なのに？」

私は英語で尋ねました。菊川も森も海外での経験が長く、流暢に英語を話します。

「マイケル、役員フロアの人間に、君の耳に入れないように指示したのは私だ」菊川は答えました。平静を装っているようでした。「君は社長業で忙しい。国内のこんな些細な問題で煩《わずら》わせたくはなかった」

菊川の目を見ました。あるいは、その鼻の上に重そうにのっている大きな眼鏡を。その顔には冷たい笑いが浮かんでいました。森は白髪頭をいくらか伏せ、無表情を保っていました。何の反応も見せず、ただ、雑誌を見つめつづけていました。

「この記事は真実なのですか？」

「部分的にはイエスだ」菊川は言いました。「だが、これはある程度予想されていた事態だ。ちゃんと対応は考えてある」

私は詳しい説明を求めましたが、説明も具体的な対策もなく、菊川は言葉を濁しました。

「『FACTA』に抗議しないのですか？」

菊川は曖昧にうなずいたものの、またもや質問には答えませんでした。そして、こう言いました。

「日本のメディアにはありがちなんだ。こうやってセンセーショナルに書き立てるんだよ。いつものことだ」

「日本の株主からクレームはなかったのですか？」

「あるわけがない」

それが菊川の答えでした。


私は菊川の態度に疑いの目を向けざるを得ませんでした。菊川と森のあまりの緊張から、そこに何かしらの「嘘」があるのは明らかでした。しかも、会社の利益を大きく損なう「嘘」です。それに、菊川は私とその職責を否定するような、筋の通らない答えに終始しました。私は日本国内では社長ではないのでしょうか。記事にいくらかでも真実があれば、その詳細を私に知らせるべきではないでしょうか。そうでなければ仕事になりません。そもそも、質問に答えてもらえないのでは、基本的なコミュニケーションが成立しません。それがもっとも恐ろしいことでした。今後もこのようなことが続くのであれば、会社の経営などできるわけがありません。

これは見過ごせない、とさらに強く思いました。私の忠誠心は盲目ではないのです。

興味深いことに、その半年ほど前、私と菊川の衝突を予言した人物がいました。森です。OBを集めた二月のパーティの席で、普段は寡黙《かもく》な彼が私にこう告げたのです。

「いつか君は菊川さんと大喧嘩《ビッグ・ファイト》することになるよ」

私は驚きました。森は生真面目な人間で、変わった発言はめったにしないのです。そのときは、彼が私の社長昇格を快く思っていないのだと受け取りました。反発はあって当然です。彼だって社長候補だったのでしょうから。しかし今思えば、森は私と菊川の本質的な違いを見抜いていたのです。今回の件であれ、他の件であれ、いつか我々が衝突することを。

あるいは、森は菊川と私の権力の二重状態について懸念していたのかもしれません。菊川は代表取締役会長、私は代表取締役社長でしたが、ＣＥＯの肩書きは菊川にありました。私に社長就任のオファーをしたときは、菊川は自分がＣＥＯになることについて一言も触れませんでした。そもそも、その当時、オリンパスにはＣＥＯという肩書きは存在しなかったのです。私の昇格に際して、ＣＥＯのポジションが新しく作られ、菊川が就任しました。取締役の選任や他の人事権、社員の報酬に関しては彼がすべて最終権限を持っていました。私はいくらか騙されたような気がしたのも事実です。社長といえばＣＥＯと同義だと思っていたからです。

森はその微妙な関係が禍根を残すと思っていたのかもしれません。菊川の権力と私の頑固さがいつかぶつかるだろう、と。

「マイケル、君がボスなんだ、心配するな」

菊川はそう言い続けていましたが。

昼食時の会合のあと、休憩をはさんで森とふたりで話すことにしました。菊川は席を立ち、森は手洗いに行きました。菊川から離れれば、森は何か話してくれるかもしれない……。森は無口で理解しづらいところがありましたが、菊川よりは理性的な人物だと思っていました。会社の利益を前提に話し合えれば、少なくとも、真実の断片ぐらいは引き出せるのでは、そう考えたのです。

森が戻ってくると、あくまで穏やかに議論を進めました。糾弾するつもりなどありませんでした。私はただ真実が知りたかったのです。知る必要がありました。まず、イギリスのジャイラスからです。二〇〇八年に同社を約二〇億ドルで買収後、なぜ二年たって投資顧問会社のＡＸＡＭインベストメントなどにさらに七億ドル近くを支払ったのか、私は尋ねました。七億ドルといえば、オリンパスの数年分の利益に相当します。

森は口ごもりました。そしてA種優先株を買い取ったのだとしどろもどろに説明しましたが、オリンパスは少数株主の持ち分も含め一〇〇パーセントその会社を買い切っているはずなので、まったく要領を得ない説明でした。

そのとき、菊川がある雑誌を手に会議室に戻ってきました。記事中の写真を示し、誰だか見覚えがあるか尋ねました。私はイエスと答えました。オリンパスのメインバンク三井住友銀行の頭取でした。菊川はその記事の「ゾンビ銀行」という大見出しを英語に翻訳してから、こう吐き捨てました。

「タブロイド雑誌だ。いつもセンセーショナルで根も葉もない記事をでっち上げるんだよ」

そして、入ってきたときと同じように突然出ていきました。実に奇妙なアピールでした。それは菊川が悩み、不安になっているというさらなる証拠にしか見えませんでした。

ふたたび森と二人きりになると、質問を続けました。しかし、彼は完全に黙ってしまいました。まったくの無表情で、微動だにせず私の質問をはね返しつづけました。

そこで、私は国内三社の買収に話を切り替えました。私が「ミッキーマウス・カンパニー」と呼んでいる会社です。英語では、「ミッキーマウス」は「取るに足りない」「重要でない」という意味でも使われます。

「かなりの額を使いましたね。ろくな売上もない会社に。どうやって価値を算定したのですか？」

森はようやく口を開きました。

「他社も欲しがっていたんです」

「オリンパスがノウハウもない化粧品業界に参入するんですか？　フェイス・クリーム？　あと

は、電子レンジ調理器？」

「電子レンジ調理器は糖尿病にいいんです」

苦笑せざるを得ませんでした。確かに我々は医療ビジネスを営んでいます。

「わかりました」私はとりあえず彼の主張を受け入れました。これらの買収がオリンパスの企業戦略にフィットしないという事実はひとまずおいておきました。

「では、これらの会社になぜこんなに高い価値があると思ったのですか？　この買収がどのようにして我々や株主の利益になるのですか？」

森はふたたび沈黙しました。私は苛立ちを募らせました。社長が副社長に総額で一四〇〇億円（国内三社の買収額およびジャイラス買収後の追加支払いの総額）を超える取引に関して道理にかなった答えを求めたのです。満足のいく回答が得られて当然です。私は森の目を見て尋ねました。

「森さん、あなたは誰のために働いているんですか？」

彼は今回ばかりは私の目を見つめ返して、こう答えたのです。

「菊川さんです。私は菊川さんに忠誠を尽くしています」

今度は私が沈黙し、森は会議室をそっと去りました。それは彼がその日はじめて口にした「真実」でした。そう言わずにはいられなかったのでしょう。私はその短い言葉から森のメッセージを理解しました。

「マイケル、君は社長かもしれないが、私は君のためには働いていない」

頭の中が真っ白になりました。魂が削られたような気分でした。この状況にどう対処すればいい？　私は自問しました。これまでのキャリアでこんな経験をしたことはありませんでした。本来ならば取締役会を招集して、事実を説明すればいいだけです。しかし、森の言葉で、私は自分の限界を知ったのです。私は名ばかりの社長でした。オリンパスを真に経営していたのは別の人間なのです。菊川らの嘘を暴くにしても、周囲の誰が信頼できるのか……。

私は生まれながらの正義の味方というわけではありません。道を歩いていて、たまたま犯罪の現場に出くわしてしまったようなものでした。たとえば、人が刺されるのを見てしまったような。誰だってそんな現場にはいたくありません。証言したり、法廷に立ったりしたくはないでしょう。私も同じです。犯罪者はしばしば物騒で、証人を傷つけようとする可能性もあるのですから。

それでも、見てしまった以上、知ってしまった以上、無視することはできません。過去の社内の不正への対応も同じことでした。そして、今回、私はただの通りすがりではありません。私は高額の報酬をオリンパスから得ていました。高潔に振る舞うべき責任と義務があります。沈黙を守り、そしらぬ顔で報酬をもらいつづける――そんなことはできません。

とはいえ、これは極めて深刻な問題でした。注意深く、冷静に、客観的な判断にもとづいて動く必要がありました。もっと多くの証拠が必要だ、と私は思いました。対処の仕方によっては、オリンパスの社内だけでなく、社会を揺るがす大スキャンダルになりかねません。

犯罪者は誰なのでしょうか？　彼らは私にも危害を与えるでしょうか？

第3章　苦悩　二〇一一年八月（2）

八月第一週の残りは通常どおりに仕事をこなしました。ＯＢの宮田耕治や社外の信頼していた知人たちと相談のうえ、しばらくは事《こと》を荒立てず、八月二〇日に発売される九月号の『ＦＡＣＴＡ』を待ってから対処法を決めることにしたのです。宮田はまだこの時点でも記事の信憑性に懐疑的でした。菊川の言うように、『ＦＡＣＴＡ』にタブロイド的な側面があるのも完全に否定はできないからです。もっと確度の高い情報を集めよう、それが結論でした。

宮田耕治はオリンパス・メディカル・システムズの元社長で、かつてオリンパスの専務を務めていました。彼とはキーメッド時代からの二五年もの長い付き合いです。二〇歳近い年齢のひらきがありますが、私のもっとも親しい友人です。宮田はオリンパスの事業に精通しており、いつも的確な助言を与えてくれる存在でした。彼の父親もオリンパスで働いていたので、親子合わせると九〇年近く会社に貢献したことになります。

そもそも、私がオリンパスで出世を遂げられたのも彼に認められたからでした。私をアメリカの一部事業とヨーロッパの事業全体の責任者にするよう菊川に進言したのも宮田でした。彼は『FACTA』の記事に万に一つの真実でもあれば、オリンパスの信用が大きく傷つくことを理解していました。東京の私のマンションで話し合ったときも、私が結果として彼の昔の同僚たちと対決することになりかねないと知りながら、会社と社員の利益を最優先に考え、必要があれば二四時間いつでも連絡してほしいと言ってくれました――すでに、会社を退職していたにもかかわらず。ですから、宮田のアドバイスは私にとって非常に重要なものでした。

心のどこかでは、告発記事がふたたび掲載されることを願っていました。そうすれば私が一人で菊川らと対決する必要はなくなるはずです。日本の主要メディアや株主が騒ぎ立てる事態になれば、オリンパスは公式な調査を求められ、事実を解明しなければならない立場に追い込まれるのです。

そういう意味で、『FACTA』に情報をリークした社内の告発者には期待していました。記事の細部から考えて、おそらく個人ではなく、複数の人間が関与しているのは間違いありません。

彼らと密かに連絡をとりたいとも考えましたが、何しろ四万人の社員を抱えた会社です。見つけ出すのは不可能でした。私が動けば、菊川らにすぐに見つかってしまうでしょう。あるいは、むこうから直接連絡を取ってきてくれればとも思いましたが、私は菊川グループの一員と見られており、可能性は低いように思われました。

私が解任され、社長復帰を目指していたころ、一度だけ、告発グループの一人からメッセージをもらったことがあります。もちろん匿名ですが、信頼すべきソースからでした。その人物は社内通報システムを経由せずに、外部へのリークを選んだことを謝罪していました。私が社長としてオリンパスに戻ることができたら、ぜひ直接会って謝りたい、もし社長に返り咲くためにに自分にできることがあればぜひ手伝いたい、と綴っていました。

しかし、彼が謝るような必要はまったくありません。暗部が会社のトップに及んでいた場合、社内通報システムが機能しないのは目に見えています。メッセージは最後に、「私は会社と反社会勢力の攻撃を避けるため、現時点では、あえて匿名にさせていただきますが、陰ながら応援させていただきたいと思います」と結ばれていました。

八月五日、私は東京を離れ、パリ経由でスペインのマヨルカ島まで飛びました。そこで妻のナンシーと娘のイザベル、息子のエドワードと合流しました。以前から計画していた一〇日間の家族旅行です。マヨルカ島では、島の片隅にある昔の砦を改造したホテルに滞在しました。牧歌的で、暑くて、穏やかで、美しい場所でした。私たち一家の安らぎを邪魔するのは、絶え間なく鳴り響く私のｉＰｈｏｎｅの着信音と、それと競い合うほどにうるさい私の頭の中の苦悩だけでした。

東京での件で私は疲れはてて、ずっとピリピリしていました。ナンシーは不満気で、子供たちはうんざりして、しまいには私を相手にするのをやめてしまいました。ナンシーとエドワードには簡単に東京での出来事を話していましたが、ふたりはその重要性までは理解していませんでした。

妻はそもそも、私の社長就任に反対していました。

菊川からのオファーを受けたとき、私は宿泊先のパークハイアット・ホテルから興奮状態でナンシーに電話をして、そのニュースを伝えました。ナンシーは何か答える代わりに泣きはじめました。うれしさからではありません。悲しみからです。彼女は八〇年代からずっと家族で暮らしているサウスエンドの家のことを持ち出して、きっぱりと反対しました。

「あなたはヨーロッパで仕事するのも、この家で暮らすのも大好きでしょう？　もう十分に素晴らしい生活を送ってるじゃない。それをなぜわざわざ変えるの？」

妻は頑固に主張しつづけました。

「エヴェレストみたいな高い山があっても、あなたが登る必要はないじゃないの」

ちょうど娘が寄宿学校、息子が大学への入学を控えた時期でした。私が単身赴任になるのは避けられません。ナンシーは、家族が遠く離れ離れになってしまうこと、私たちの結婚が壊れてしまうことを心配していたのです。私も、彼女も、社長就任が自分たちの生活にもたらす混乱を認識していました。

それでも私は社長昇格のオファーを受け入れたのです。家族には申し訳ないと思いながらも。家族旅行のあいだずっと、私はよく眠れませんでした。重圧から逃れるために、スペインワインを、ジントニックを、ブランデーをがぶ飲みしてからベッドに入るのですが、眠りは浅く、毎晩明け方に目を覚ましては、なぜ？　なぜ？　と考えつづけました。昼食時の会合の際の菊川と森の目付きや仕種を思い返し、口にされたあらゆる言葉の端々を、繰り返し分析しました。七億ドル、八億ドルという数字が目の前で躍っていました。

朝になると、ビーチに寝そべって肌を焼き、ランニングに行き、泳ぎました。ですが、沈痛な思いは振り払えませんでした。私は家族の休日を台無しにしたくなかったですし、自分の不安を彼らに伝染させたくありませんでした。しかし、ターコイズ色の海を見ていても、頭の中には

『ＦＡＣＴＡ』の記事の悪魔のような菊川の写真が現れ、私を悩ませつづけました。

旅行を終え、美しいマヨルカ島に別れを告げると、一旦、ロンドンに戻りました。ロンドンではイギリスとヨーロッパの幹部たちと東京での問題について話し合いました。もちろん、信頼していた幹部とだけです。私が抜擢した人物も含まれていました。この時点では、皆、疑惑を解明したいという私の方針に支持を表明してくれました。

八月二四日、私は息子のエドワードとその親友のトビーを連れて東京に戻りました。そのとき東京は私がもっとも滞在を避けたい都市になっていました。数カ月前までは、あれほど東京での生活を楽しんでいたのですが。八月二〇日発売の『ＦＡＣＴＡ』九月号には、前月の続報は掲載されず、私が落胆していたせいもあります。内部告発者は沈黙してしまったのでしょうか？　あるいは、沈黙させられてしまったのでしょうか？

エドワードが私の救いでした。彼は一八歳で、難関のウォーリック大学への進学が決まったばかりでした。試験の優秀な成績には親として誇りに思わずにいられません。エドワードとトビーは私のマンションに一週間ほど滞在して、日本を観光する予定でした。この期間は問題をひとまず棚上げして、ふたりと良い時間を持とうと思いました。私が家族と過ごせる時間は限られているのです。我々は東京の名所をめぐりました。秋葉原ではメイド喫茶にも立ち寄り、メイド姿の店員たちと一緒に写真を撮りました。

仕事のことはあまり考えないようにしていましたが、私はふと息子の判断力にかけてみようと思い立ちました。息子への信頼は私の人生の大きなよりどころです。そこで、観光の合間を縫って、私は息子たちを新宿モノリスビルのオリンパス本社に連れて行き、菊川に会わせてみることにしたのです。

最初に秘書や他のスタッフたちと会ったあと、私たちは菊川のオフィスに招かれました。エドワードとトビーには菊川と話すときに敬称の「サー」をつけるように言いました。会話はとても和やかで、楽しいものでした。菊川と私のあいだには何の問題もないかのようでした。東京の博物館を訪れ、東芝のロボットを見た話や、菊川のプードルたちの話をしました。エドワードはそこに飾られていた真っ赤なフェラーリのレーシングカーの模型のことをいまでもよく覚えているそうです。

面会のあと、エドワードはこう言いました。

「気さくでいい人そうに見えたけどな。あの人が悪いことをするなんて、とうてい信じられないよ」

第4章　決意　二〇一一年九月（1）

九月に入ると、私はまたロンドンに戻りました。数週間にわたる出張が予定されていたのです。ロンドンを拠点に、ハンブルクへ二度、チェコ共和国のプルジェロフ、その後、アメリカに渡りニューヨーク、ニューハンプシャーへと赴く過酷なスケジュールでした。ヨーロッパと北米、中南米の統括会社の取締役会に出席して、工場の視察に出かけ、多くの同僚とミーティングを持ちましたが、心の一部はつねに東京の問題で占められていました。極度のプレッシャーのせいで、酒量が増え、睡眠薬も欠かせなくなっていました。

ヨーロッパへの出張は副社長の森も一緒でした。私はなるべく彼と言葉を交わさず、食事のときも、離れた席に座るようにしました。また食ってかかりかねないからです。一四〇〇億円もの金を一体どこへやったのだ、と。しかし、たとえ森に詰め寄ったところで状況は変わらないか、むしろまずいことになると承知していました。私は当たり障りのない、社長としてふさわしい態度から逸脱しないように努めました。

出張中は多くの同僚と食事を共にしました。それが唯一の息抜きです。その土地の名物料理を食べるだけでなく、彼らをよく知るための貴重な機会でした。結束を強めるためにも。私はこの機を捉え、特に信頼している仲間たちに、東京での件を相談しました。

これはある日本人の同僚Aと深夜のバーで交わした会話です。私たちは窓際のソファに陣取り、ジントニックを呷《あお》りながら、私が今後取るべき道について、二時間近く議論を重ねました。「このまま走りつづければ後戻りできなくなるかもしれない」私はAに言いました。「最悪の事態にもなりかねない」

Aは典型的なサラリーマンでした。会社に忠実な、真面目な人物でした。だからこそ、私はAの見解を求めたのです。

「でも、マイケル、もしあなたが見過ごせば、問題は次の世代へ引き継がれてしまいます」

Aはこう言ってから、ジャイラスの買収に関わった東京本社の幹部の判断に賛成できないと告白しました。普段はそんな批判を口にする人物ではないにもかかわらず。

「会社の将来に不安を感じています」Aは言いました。「マイケル、会社を正せるのは社長のあなただけです。あなただけなんです、それができるのは。やらなければ、会社の病巣はずっと残ったままなんです」

Aの言葉は私の背中を押しました。彼だけではありません。出張のさなか、多くの同僚や友人が個人的な会合の席で私にこうアドバイスしました。君が正しいと思う道をゆくんだ、と。しかし、簡単に決心できる問題ではありません。それにどうやって不正の存在を突き止め、対処すべきかも分かりませんでした。

私がニューヨークに滞在していた九月二〇日、ついに『FACTA』に続報が掲載されました。私は早朝にホテルで目を覚ますと、メールで送られてきていた最新記事の英訳を貪《むさぼ》るように読みました。今回は東京の広報・IR室長が私の指示に従って、翻訳を送ってきてくれました。皮肉なことに、彼はジャイラスの買収にも深く関わっていた人物です。

「オリンパスの『尻尾』はJブリッジ」と題されたその記事によれば、産業廃棄物処理のアルティスの買収の際に、「反社会的勢力との関係が疑われる」投資会社Jブリッジ関連のファンドに約一四〇〇億円が渡ったというのです（『FACTA』二〇一一年一〇月号、九月二〇日発売）。記事のソースは、オリンパスのＯＢから寄せられた内部資料とのことでした。

反社会的勢力？　私の目はその一語に釘づけになりました。日本で「反社会的勢力」といえば、暗に暴力団を指す言葉です。私が社長を務める会社に反社会的勢力とのつながり？　これは予想もしなかったことです。企業買収で不明朗な金額が動いただけでなく、オリンパスが裏社会に資金を供給したというのです。にわかには信じがたい内容でした。事実であれば、会社の根幹を揺るがしかねません。しかし、前回の『ＦＡＣＴＡ』の記事は、菊川の言葉を借りれば、部分的には事実だったのです。はたして、今回は？

私はチェックアウトすると、フォーシーズンズ・ホテルでの取締役会に向かうため、スーツケースを転がしながら、ニューヨークの朝の喧騒に飛び出しました。イエローキャブがクラクションを鳴らし、通りからは蒸気があがっています。頭の中は疑問でいっぱいでしたが、十分な分析をするにはあまりにも情報が足りません。しかし、このまま調査を続けたら、いったい何が起きるのでしょうか。私は菊川グループだけでなく、暴力団とも対決しなければならないのでしょうか。

幸い、私はニューヨークにいました。新宿のモノリスビルが彼方《かなた》のパラレルワールドにあるように感じられるほどの距離です。しかも、『ＦＡＣＴＡ』の最新記事がとうとう日本のメディアを覚醒させる可能性もありました。私はいくらか落ち着きを取り戻し、アメリカ法人の取締役たちと記事の件を話し合おうと思いました。彼らにはすでに東京での件はメールで伝えてありました。

アメリカの取締役たちはみな私への支持を表明してくれました。反社会的勢力との関わりについてはみな「信じがたい」との意見でしたが、菊川たちと対決するという私の基本方針には賛同を得ました。彼らは私が菊川を退任に追い込み、会社に改革をもたらすと信じてくれているようでした。

打ち消しようのない不安の中、彼らの信頼は私の心を強くし、徐々に私の決意は揺らがぬものになっていきました。反社会的勢力の存在がどうあれ、ここで退くわけにはいかない。私は新たな行動を起こすことを決めました。

第5章　手紙　二〇一一年九月（2）

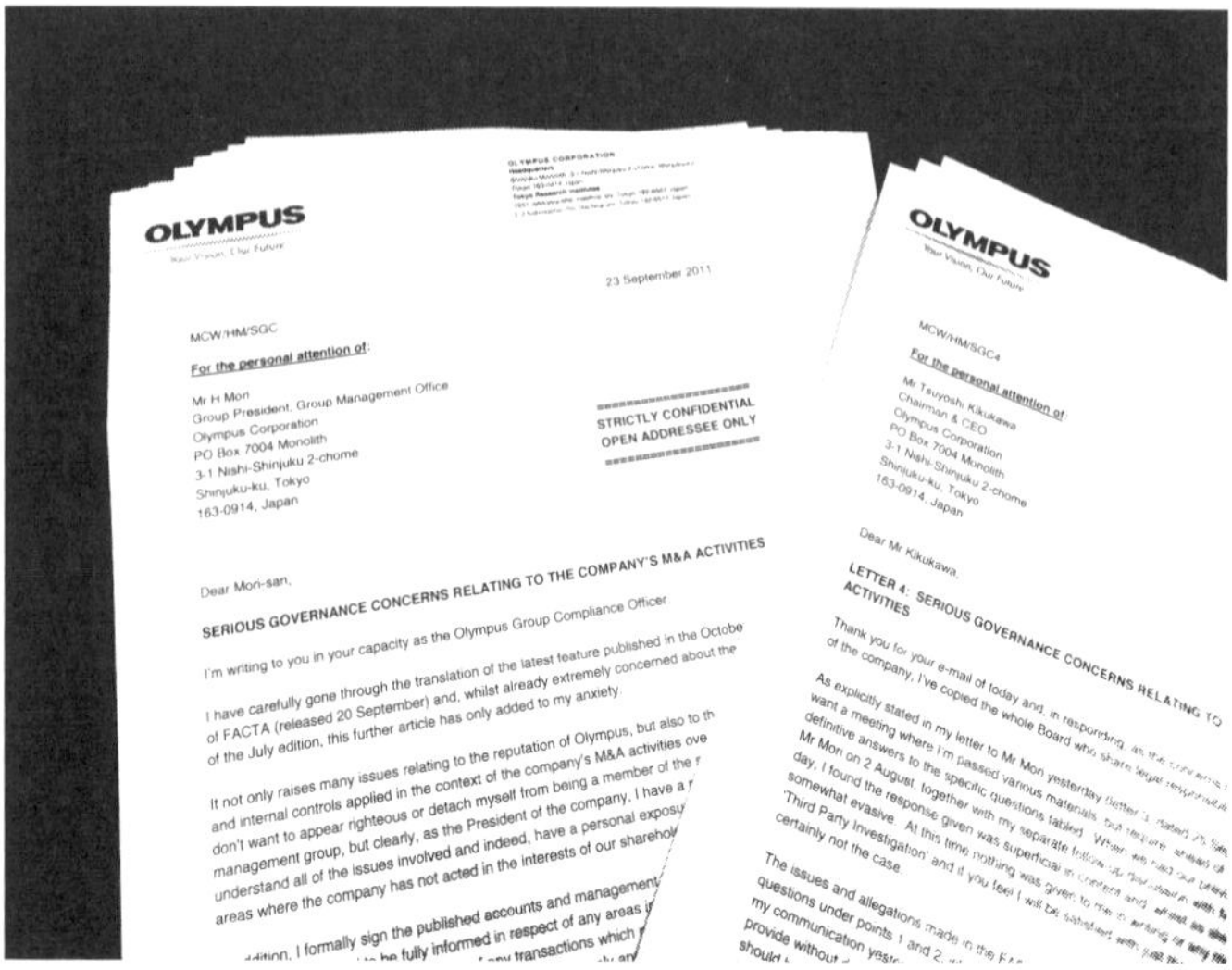
OLYMPUS
Your Vision, Our Future

23 September 2011

MCW/HM/SGC

For the personal attention of:

Mr H Mori
Group President, Group Management Office
Olympus Corporation
PO Box 7004 Monolith
3-1 Nishi-Shinjuku 2-chome
Shinjuku-ku, Tokyo
163-0914, Japan

STRICTLY CONFIDENTIAL
OPEN ADDRESSEE ONLY

Dear Mori-san,

SERIOUS GOVERNANCE CONCERNS RELATING TO THE COMPANY'S M&A ACTIVITIES

I'm writing to you in your capacity as the Olympus Group Compliance Officer.

I have carefully gone through the translation of the latest feature published in the Octobe of FACTA (released 20 September) and, whilst already extremely concerned about the of the July edition, this further article has only added to my anxiety.

It not only raises many issues relating to the reputation of Olympus, but also to th and internal controls applied in the context of the company's M&A activities ove don't want to appear righteous or detach myself from being a member of the r management group, but clearly, as the President of the company, I have a r understand all of the issues involved and indeed, have a personal exposu areas where the company has not acted in the interests of our shareho

OLYMPUS
Your Vision, Our Future

MCW/HM/SGC4

For the personal attention of:

Mr Tsuyoshi Kikukawa
Chairman & CEO
Olympus Corporation
PO Box 7004 Monolith
3-1 Nishi-Shinjuku 2-chome
Shinjuku-ku, Tokyo
163-0914, Japan

Dear Mr Kikukawa,

LETTER 4: SERIOUS GOVERNANCE CONCERNS RELATING TO ACTIVITIES

OLYMPUS
Your Vision, Our Future

OLYMPUS CORPORATION
Headquarters
Shinjuku Monolith, 3-1 Nishi-Shinjuku 2-chome, Shinjuku-ku
Tokyo 163-0914 Japan
Tokyo Research Institutes
2951 Ishikawa-cho, Hachioji-shi, Tokyo 192-8507 Japan
2-3 Kuboyama-cho, Hachioji-shi, Tokyo 192-8512 Japan

MCW/HM/SGC4

26 September 2011

For the personal attention of:

Mr Tsuyoshi Kikukawa
Chairman & CEO
Olympus Corporation
PO Box 7004 Monolith
3-1 Nishi-Shinjuku 2-chome
Shinjuku-ku, Tokyo
163-0914, Japan

STRICTLY CONFIDENTIAL
OPEN ADDRESSEE ONLY

Dear Mr Kikukawa,

LETTER 4: SERIOUS GOVERNANCE CONCERNS RELATING TO THE COMPANY'S M&A ACTIVITIES

Thank you for your e-mail of today and, in responding, as the concerns relate to the governance of the company, I've copied the whole Board who share legal responsibility.

As explicitly stated in my letter to Mr Mori yesterday (letter 3, dated 25 September), I do not

著者が菊川、森、取締役などに送った手紙《レター》

これから先は完全な透明性を確保しよう、手紙を書こう、と私は決めました。ニューヨークに滞在中のことです。今後は正式な書類によって私の懸念を示し、記録を残しながら質問を続ける。それが私の戦略でした。密室での会議は証拠になりませんし、身の安全を図るためにも記録は重要になるはずです。ただ、この段階でも、私は自分が内部告発者になるとは考えてもいませんでした。説得力ある形で疑問を提示しながら、東京の取締役たちの支持を取り付け、可能なかぎり平和的に菊川と森の辞任を迫るつもりでした。

そして結局、私は六通の手紙《レター》を書くことになるのです。

九月二二日の木曜日、イギリスに帰ると、ロンドンのオフィスに寄って、最初の手紙の下書きをしました。それは、国内三社またはジャイラスの買収について問題提起し、必要な情報を求めるものでした。信頼のおける、会計に詳しい同僚たちにアドバイスをもらい、調査を進め、推敲を重ねました。

そして、翌日の金曜日、A4で八ページにもわたる手紙を仕上げたのです。宛先はオリンパス・グループのコンプライアンス担当役員である森です。件名は大文字で「**当社のM&A（合併・買収）活動に関する深刻なガバナンス上の問題**」としました。

手紙は次のように始まります。

ファクタ一〇月号の特集記事を注意深く読みました。八月号の内容だけでも十分に懸念すべき内容でしたが、今回の続報はその不安をさらに増大させるものでした。

記事は、オリンパスの評判だけでなく、近年の当社のM&A活動に関連して適用されたガバナンスと内部統制について多くの問題を提起しています。正義漢ぶるつもりはありませんし、経営幹部の一員としての立場を忘れたわけではありませんが、私は当社の社長であり、問題を把握する責任があります。また、実際に会社が株主の利益に反する行動をしていた場合は、私自身が責めを負うべき立場にあります。

続けて、私は、アルティス、ヒューマラボ、NEWS CHEF三社それぞれの買収金額の詳細、支払先、支払手段の情報を求めました。さらに、オリンパスと三社を売却したそれぞれの会社との関係、そして三社に投資した理由についての論理的根拠、投資前に当然行われたはずの適正な買収価格や投資対象に関するリスクを査定したデューデリジェンスの報告書、そしてフィナンシャル・アドバイザーへの支払い記録。買収価格がどのように決定されたのか、買収がどのように許可されたのか、また資金の調達方法も尋ねました。それから、三社の買収が、成立以来どのように計上されていたのか、三社の現在の財務実績と将来の見込みについても説明を促しました。

ジャイラスの買収についてはのれんの価値を再評価すべく減損テストの実施を要請し、七億ドル弱をAXAMインベストメントなどに追加で支払った理由を求めました。さらには、監査法人KPMGが同社買収後の監査報告で会計処理に疑問を呈していた点に触れ、なぜその後、監査法人がKPMG（あずさ監査法人）からアーンスト・アンド・ヤング（新日本監査法人）に変更されたのか尋ねました。さらには、投資顧問会社グローバル・カンパニーとのこれまでのビジネスの詳細も。

そして、この手紙のコピーをアーンスト・アンド・ヤングのシニア・パートナーにも転送するように指示して、手紙を締めくくりました。

全体を通じて丁寧な表現を使いましたが、内容は非常に辛辣《しんらつ》だったと思います。取締役会がもう無視できない方法で私の懸念を提起したかったのです。きちんとした回答が得られなければ、当面東京に戻らないつもりでした。情報がなければ、彼らとは戦えません。そして、私はこの手紙を森だけでなく、菊川をはじめとする他の取締役全員にもメールと郵便で送りました。このあとの手紙もすべて同様の方法で送ることにしました。

手紙を送ると、自宅に戻り、列車に飛び乗りました。週末は、家族と知人たちと行楽地のボーンマスで過ごす予定だったのです。私が到着したのは真夜中近くになり、皆はすでに夕食を済ませていました。また、家族との時間を逃してしまいました。けれどもまだ、土曜と日曜がある、と私は気持ちを切り替えました。

その晩はよく眠れました。ぐっすり眠れたのは久しぶりのことでした。

森からの返事は土曜日の朝にはメールで届いていました。短い、不可解なメールでした。KPMGが指摘した不適切な会計処理については、「外部の会計、法律の専門家からなる委員会によって調査が行われ、その報告に基づいて、あずさ監査法人は二〇〇九年三月期の決算書類にサインしており、問題は解決済みだ」としていました。が、他の質問への返答は一切なく、要求した資料も添付されておらず、監査法人に私の手紙を転送したかどうかも明らかではありませんでした。「沈黙」とほぼ同義のメールでした。それに、なぜ監査法人がＡＸＡＭへの奇妙な追加支払いを承認できたのかも納得がいきませんでした。

土曜日は知人の子供たちとサッカーをして過ごす予定でした。つかの間の気晴らしとしてとても楽しみにしていたのですが、それは叶いませんでした。週明けに東京へ行く予定になっており、使える時間は限られています。寛容な知人たちが私の邪魔をしないように外出した後、キッチンにオフィスを設《もう》けてひとりで二通目の手紙に取り掛かりました。書いては考え、考えては書き……仕上げるまでに、六、七時間もかかったでしょうか。「回答には満足できません」と私は書きました。「満足のいく答えをいただけなければ、別の監査法人による調査を主張せざるを得ません。また、私が望む答えを文書でいただけるまで、東京に帰るつもりはありません」

一夜明けて日曜日、返事が届きました。森は、「過去の重要な決定は、すべて取締役会で審議され、承認されたものだ」として、問題となっているＭ＆Ａの正当性を主張しました。そして、私の質問への返答は「過去の外部有識者の委員会の調査報告にほぼ含まれているが、週末なのでアクセス出来ない。週明けには資料を集めて、二八日の会議までには英訳を用意するつもりだ。しかし、翻訳にどのくらいの時間がかかるか分からない。言葉の問題ではいつもフラストレーションが募る」というものでした。監査法人への手紙の転送も手配すると約束していました。ふたたび不満足な中身ではありました。が、この返信には進歩がありました。森はここでいくつかの約束をしているのです。公的な文書で交わされた約束です。

いま振り返ってみると、なぜ彼らが律儀に返事をくれたのか、理解に苦しむところもあります。一通目の時点で問答無用に私を解任していれば、私が内部告発をするのに十分な情報を得ることはなかったでしょう。彼らは事を荒立てたくないばかりに、この時点ではまだ私を懐柔しようと試みていたのでしょうか。それともただやみくもに、私が外部へ事実を漏らすのを恐れていたのでしょうか。

日曜日にはロンドンのオフィスに戻ることにしました。三通目の手紙を書くためです。私は強迫観念に囚われたように手紙に没頭していました。最悪の週末でした。家族の時間は失われつづけていました。私は家族の目が怖かったのを覚えています。その日は天気も荒れ模様で、灰色の空が物悲しく見えました。

ともあれ、私は同僚の協力を仰ぎ、書きつづけました。私は一通目の手紙に記した質問を再度投げかけたうえで、関連資料と外部有識者の委員会による調査報告を送るよう求めました。今回は、八月二日の菊川と森との『FACTA』の記事に関する三者会談の内容も書き添えました。密室での会議を正式な書面に残したかったのです。思い返してみれば、森は会議のとき、外部有識者の委員会の調査報告には一言も触れませんでした。おかしなことです。

そして、「もし、日本の火曜日の営業時間中に満足な回答をいただけるならば、（九月二八日の）水曜日には帰国します」と約束しました。

三通目の手紙に最初に返信してきたのは菊川でした。「トム・キクカワ」と署名されたそのメールには、「森とあなたが交わしている多くのメールにいささか驚いています。社長としてのあなたの立場はわかりますが、時間の無駄使いです。なにも得るところがないでしょう。資料を用意しているので、詳しい説明は東京にて」と記されていました。

私は今度は菊川に宛てて手紙を書きました。四通目の手紙です。森に宛てた、三通の手紙の要点をまとめ、さらに、投資会社のJブリッジが「反社会的勢力」に関係している可能性があるとの『FACTA』の記事に言及しながら、事前にこちらの求める質問への答えと資料が届かなければ、東京には戻らないと強調しました。私はこの手紙を、菊川と他の取締役だけでなく、直接アーンスト・アンド・ヤングの日本、アメリカ、ヨーロッパのパートナーにも送りました。不正がないのならば、監査法人に何を知られても問題ないはずです。また、宮田耕治のアドバイスを得て、英語が読めない関係者のために、四通目以降の手紙はすべて英語と日本語の両方で送りました。

菊川からの返事はありませんでしたが、代わりに森がメールを送ってきました。私の最初の三通の手紙を監査法人に「メールでなく、書面で送った」旨の報告でした。書面が通例とのことでした。そして、「外部有識者の委員会の調査報告は二センチもの厚さがあり、全文の翻訳は間に合わない。主要な部分のみできしだい送るが、火曜じゅうは無理かもしれない」とありました。私が火曜じゅうにと催促すると、日本時間で火曜の昼には調査報告の一部、八〇ページほどの英訳が送られてきました。

私は全文に目を通し、疑問点を五通目の手紙にしたため、森および全取締役、アーンスト・アンド・ヤングに送付しました。手紙のすべては戦術的なものでした。文面は入念に吟味し、曖昧さを排除しました。送り先に監査法人を含めることもまた、自分の身を守るために考え抜いてのことでした。私には事態がもはや戦争のように感じられていました。ただ菊川のほうでも、戦争とは言わないまでも、私という人間を悪夢に感じていたでしょう。私がありのままの自分である、ただそれだけのせいで。

私は東京へ向かいました。菊川と森とふたたび対峙するために。

第6章　帰国

二〇一一年九月（3）

九月二八日水曜日、私は予定より一日遅れて日本に帰国しました。そして翌朝九時から、菊川と森と会議を持ちました。私は決意を固めていました。権力の委譲を求めよう、と。ここまで彼らを追い詰めた以上、曖昧な決着はありえません。私はあくまで穏やかに、建設的にCEOへの昇格を求めるつもりでした。受け入れられれば、調査に必要な権限を得て、不明朗なM&Aを行った理由を解明して、この件に片をつけられるのです。一刻も早く、業務効率の改善をはじめとする本来の意味での改革に戻りたい、そう思っていました。それこそが私に求められていた仕事なのです。

この二度目の三者会議で、最初に口を開いたのは菊川でした。まず当たり障りのない挨拶からはじまり、その後、菊川と森がとりとめのない会話を交わしました。気まずい雰囲気と緊張が会議室を包んでいました。私はたまらず本題に入りました。

「社長は私です。私が決算書類に責任を持ってサインしなければなりません。ですが、ＣＥＯは菊川さんで、私には今回の問題に対処するための十分な権限がありません。それはやはりおかしいと思います」

私は監査法人による徹底的な調査と取締役の入れ替えを求めました。そして、最後にこう言いました。

「会社に変化をもたらすには、私にＣＥＯとしての権限が必要です」

間髪入れずに菊川は答えました。

「それはだめだ。日本の株主がうんとは言うまい」

奇妙な答えでした。日本の株主とは誰を指すのでしょうか？

「結構です。それなら私が辞めます。ガバナンスに関して私が抱いている懸念を、公にするまでです」

私たちの議論は、私と菊川が二人で執り行う社員の退職セレモニーを数回はさんで、一日中続きました。張り詰めた議論があり、かと思うと、退職する社員をにこやかに送り出し、また息詰まる場面に戻る。菊川と私が置かれたかつてなく緊迫した状況を考えると、この幕間劇はまったくおかしなものでした。

何度目かのセレモニーが終わり、険悪な雰囲気で議論を再開したとき、菊川が不意に尋ねました。

「マイケル、私のことが憎いか？」

何を言われたのか、私は一瞬理解できませんでした。ドゥー・ユー・ヘイト・ミー？　菊川は英語でたしかにそう聞いてきたのです。驚いた私はこう答えました。

「いいえ、なぜそんなことを聞くんですか」

いま思い返せば、その質問は彼に反抗する人間が長いあいだいなかった証なのでしょう。菊川は反抗に慣れていなかったのです。私は、会社を正しく経営するための権限がほしいだけです、と繰り返しました。そもそも私はそのために雇われたのではありませんか？　と。

菊川は怒鳴りだしました。激しい怒りでした。彼の顔は血がのぼって紫色になっていきました。声は甲高く、自制心を失っているようでした。うわべの穏やかさは脆《もろ》くも剝がれ落ち、動揺が透けて見えていました。そんな彼を見るのははじめてでした。

「そんなことはできん！　そんなことは不可能だ！」

「私に向かって怒鳴らないでください。私はあなたのプードルじゃない」

大声でそう言い返すと、菊川は無言になりました。私は立ち上がって部屋を出ようとしましたが、それまで口をつぐんでいた森が引き留めました。

「マイケル、お願いだから、落ち着いてください。座ってください」

私は席に戻り、きっぱりと言いました。

「辞めます。影響は大きいでしょうが、やむを得ません」

「マイケル、君は会社の改革を諦めるんだね」菊川は言いました。

「では、私にCEOを任せてください」私は再度言いました。「あなたはもう経営執行会議にも出席しなくて結構ですし、取締役の任命権も私にください」

経営執行会議は取締役会の下位に位置する会議で、私が議長を務めていました。出席者は菊川の顔色ばかりうかがっていましたが……。私の要求に菊川は苦渋を味わっているようでした。

「CEOを辞めたら、家族になんと言われるか……」

菊川の発言はもはやその場しのぎとしか思えませんでした。そもそもの問題であるM&Aの詳細についてはほとんど議論しませんでした。話す必要がなかったからです。罪は厳然としてそこにあり、否定しようがなかったのでしょう。最後に残ったのは感情の応酬だけでした。

「よくわかった。後でもう一度話そう」菊川は言いました。

五時五〇分、菊川と森は会議室に戻ってきました。菊川の機嫌は不自然なほど良くなっていました。彼は急に友好的になり、こう告げたのです。

「いいだろう、マイケル。明日の取締役会で、君のCEO昇格を提案する。また今後、私はもう経営執行会議には出席しない。明日は私の最後の会議になる。取締役の任命権についても君に与えよう」

菊川の豹変ぶりに私は当惑しました。しかし、これで真相を究明できるという安堵のほうが大きく、私は菊川の言葉を信じました。

これで望みが出てきた、明日のふたつの会議を乗り越えれば大丈夫だろう、私はそう思いました。

第7章　昇格

二〇一一年九月（4）

翌九月三〇日、午前に取締役会、午後に経営執行会議が予定されていました。取締役会は慎重に取り扱うべき議題が多くあり、長い会議になりました。私の件については、事前に菊川が取締役たちに根回しを行っていたはずです。おそらく、前日私との会議から抜けていたときか、あるいはその夜、私が英国大使館での夕食会に出席していたときのことでしょう。証明することはできませんが、それが通例でしたし、この日の取締役たちの態度からもそれは明らかでした。

会議の最後に菊川が言いました。

「残る議題だが、私は、マイケルをCEO兼社長に推薦したいと思う。また私は今後、経営執行会議には出席せず、マイケルが役員の任命権を持つ。みなさん、よろしいかな？　満場一致だね」

議論はありませんでした。取締役全員が挙手して、提案が承認されました。これで菊川がCEOの地位を返上して、私がCEO兼代表取締役社長になることが決まりました。私はほっとしました。取締役会が理性的な判断を行い、私は過去の事案に関する調査権限を手に入れたのです。これからは取締役たちの協力を得て、事態の収拾をはかるだけです。

「マイケルが話をしたいそうだ」菊川は言いました。

私は抱いていた懸念について説明しました。最初に、誰かが私腹を肥やしたという証拠は見当たらない、と私は言いました。前向きな姿勢を示したかったのです。勝ち誇ったような得意げなそぶりは見せないように注意を払い、友好的な態度をとりました。日本人のようにあろうと、菊川が体面を保てるようにと努力しました。ですが、他の取締役はどこか白けた雰囲気でした。彼らの目を見て話しながら、ぎこちなさを感じました。

話し終えると、菊川が質問を募りました。すると、あたかもリハーサルでもしていたかのように、三人から立て続けに質問が飛びました。まず、手を挙げたのは、私の正面に座っていた専務の鈴木《すずき》正孝《まさたか》です。彼はヨーロッパで長年、一緒に働いてきた仲間でした。鈴木はいくらか居心地が悪そうでした。

彼は私が以前よりジャイラスの買収について批判的だった事実を指摘しながら、なぜ今さら話を蒸し返すのか、と尋ねました。

「社長になってからもう六カ月ですよね？」鈴木は言いました。

たしかに、二〇〇八年当時、私はジャイラスに対する投資への反対を公然と表明していました。オリンパスとジャイラスの製品ラインナップは類似点が多く、しかもオリンパスにはより優れた技術があったからです。それなのに、なぜ巨額の資金を投じてジャイラスを買収する必要があったのでしょうか？　しかし、私がいま問題にしていたのは、買収自体の是非ではありません。買収はもう済んだことでした。問題は、二〇一〇年になって、買収総額の三分の一におよぶ七億ドル近い異例の支払いがなぜ追加で発生したかという点です。しかもケイマン諸島の怪しげな投資会社に。

「鈴木さんはこの件をご存知でしたか？」

鈴木は答えに詰まりました。

次に、もう一人の専務の柳澤一向《やなぎさわかずひさ》が口を開きました。

「あなたは日本に戻ってこないと言って我々を脅しましたね。大企業の社長にあるまじき行動ではないですか？」

さらには、今度は社外取締役の来間紘《くるまひろし》が、私が手紙のコピーを監査法人のアーンスト・アンド・ヤングに送ったことを強く非難しました。我々はファミリーじゃないか、なぜ、騒ぎを大きくするんだ？　なぜ、わざわざ部外者を呼び込んだのだ？　と。

奇妙な追及でした。日本経済新聞出身の来間は社外取締役で、コーポレート・ガバナンスを監督するのが彼の仕事だったはずです。

「不正がないのならば監査法人を恐れる理由はないでしょう」

私はそう答えましたが、先ほど感じていた安堵はどこかに吹き飛んでいました。社長になって以来、このように敵意を持って質問されたことははじめてでした。それにしても、議論もなく、全会一致で私をＣＥＯに昇格させておきながら、その後になって私の資質に疑義を呈するのはなぜでしょうか？

そのとき私は悟りました――私の新しい肩書きには事実上何の意味もないことを。菊川は権力を手放すつもりなどないのです。

私は完全に孤立していました。

菊川は満足そうな顔をして座っていました。取締役全員が、私の面目を失わせようと団結していました。みなでこの段取りを考え、意見を一致させていたのでしょう。すべてが台本通り、というわけです。反対意見がなく、お互いを褒めあい、同意しあうだけ。この環境こそ、彼らが誤った経営判断を下した下地だったと思います。良心はかやの外に置かれていました。私が抱いていた希望——この会社を、この取締役会を変えることができるという希望は忘れなければならない、そう思い、心が深く沈んでいきました……。

貧しかった子供時代、私は二度良心を試されたことがあります。

一度目は九歳のころのことです。チューインガムを買いに店に行き、レジに持っていったところ、ちょうど店員が席を外していました。じゃあ、お金を払わないで帰ってしまおう、私はそう思いつきました。悪いことだとはわかっていましたが、ガムを盗んで家に帰りました。

しかし家に着くと、幼い私はガムを前にして悩みはじめました。どうしよう、きっと捕まってしまう、これはやっぱり悪いことだ、と。結局、私はガムを持って店に戻り、売り場にそっと返してきました。

ガムを返しに行くのは、ガムを盗むよりもずっと恐ろしいことでした。私は良心に従って生きなければならないと実感しました。自分を永遠に騙しつづけることはできません。

二度目はもう少し大きくなってからのことです。大好物のチョコレートバーがどうしても食べたくて、母の財布から五〇ペンスほど抜き取ったことがありました。母は非常に怒りっぽい女性でした。お金が減っているのに気づかれたとき、私はもうおしまいだ、殺されると思いました。ところが母はなぜか怒らず、こう言っただけで済ませたのです。

「もし自分の息子を信用できないなら、いったい誰を信用できるっていうの？」

私はこの言葉を決して忘れないでしょう。家族から盗みを働いたことを心から恥じ、盗みは二度としませんでした。

私が送った五通の手紙に対して、取締役たちが実際どう考えていたかは知る由もありません。ただ、問題の重要性を理解していなかったとは思えないのです。英語が不得意な者もいましたが、四通目と五通目の手紙には宮田の日本語訳を添付しています。正式な文書ですので、目を通していないという言い訳も通用しません。彼らは会社と株主の利益を守る義務があり、もし不正が露呈すれば、法的責任を問われるのです。菊川に個人的な忠誠を尽くすのが仕事ではありません。

彼らの中の一人でも、反対意見を許さない雰囲気にのまれず、自分を騙さずに、良心に従う勇気を持っていてくれたらと思います。仮に勇気が足りなかったとしても、せめて理性的な判断を下すだけでよかったのです。もし会社がファミリーだと言うのなら、自分のファミリーを信じられずに、いったい誰を信じられるでしょう？

しかし、彼らは全員、境界線を引き、菊川の言いなりになって口をつぐむ側を選んだのです。

彼らは「イエスマン」でした。そして、「ノー」と言った私だけが、見えないある一線を越え、その報いを受けようとしていました。

同じ日の午後に行われた経営執行会議を、菊川はこう締めくくりました。

「二〇年間、私はこの会議に出席してきましたが、今回が最後になります。さようなら」

出席者全員が大きな拍手をしました。私も拍手をしましたが、すべてが茶番でした。心の中には黒い霧が立ち込めていました。

翌一〇月一日、私はオリンパスのCEOに正式に就任しました。オリンパスのニュース・リリースで菊川は次のようにコメントしました。

「マイケルにCEOのポジションを譲るのはまさに今しかないと確信している。マイケルのイニシアティブによって、会社の経営にはすでに極めて前向きな変化が起きている。オリンパスのグローバルな組織で、彼が見せる文化の違いへの理解と思慮深さに、私は特に感銘を受けた」

第8章　調　査　二〇一一年一〇月（1）

経営執行会議の数時間後には、私はヨーロッパに向かうエールフランス航空の深夜便に乗っていました。心身ともに疲れ切っていましたが、眠ることはできませんでした。離陸してしばらく経ったころ、私の落ち着かない様子に、客室乗務員が声をかけてくれました。

「きっと時差ぼけのせいです。ありがとう」

私はそう取り繕《つくろ》いました。数日間ほとんど寝ておらず、神経が逆立ち、様々な疑問が浮かんでは消えていきます。頭は一晩じゅう働きつづけていました。

その日のふたつの会議を経て、もはや問題を社外に公表するしか道はない、そう思いはじめていました。どう考えても、社内の自浄作用には期待できません。最初の内部告発者もふたたび沈黙しているようでした。しかし、告発が会社や社員や株主の利益にかなうのか、そもそものように告発すべきなのか、巨額の資金はどこに流れたのか……。

それは容易な決断ではありませんでした。三〇年間勤めた会社の内部告発を行うのです。それもCEOとして。

この三〇年間、私は会社の利益のことだけを考えて働いてきました。優秀な製品を生み出してくれた、素晴らしい技術者たちのおかげで、私は十分な結果を残せたと思います。他社から転職の誘いもありました。ですが、結局、私は会社への忠誠を選んだのです。オリンパスを愛していたからです。宮田耕治や河原一三のような尊敬できる先輩がいました。私の手法に少なからぬ反発もありましたが、周囲からはいつも正当な評価を得てきました。八三年の初来日以来、日本のことも愛していました。

私は模範的な「サラリーマン」だったと思います。だからこそ、私と同僚たちが汗して稼いだ利益を、一部の経営トップが何か得体のしれないビジネスにつぎ込んでいる、そう考えると怒りが湧いてきました。巨額の金です。見過ごすわけにいきません。

一〇月三日、月曜日の朝一番に、私はキーメッドの監査をしていたＰｗＣに電話をかけ、調査を依頼しました。調査の内容はひとつに絞りました――ジャイラスの買収に関連して不可解な六億八七〇〇万ドルが支払われており、そのうち六億七〇〇〇万ドルがケイマン諸島のＡＸＡＭインベストメントに追加で支払われていた件です。のちにオリンパスは、ＰｗＣの調査報告について、私が「独自に依頼したものであり、当社およびグループ会社の監査等とは関係ありません」と一〇月一九日付で声明を出しましたが、これはＣＥＯの権限によって社として正式に依頼したものです。

不正の存在は明らかでしたが、私だけの見解では不十分だと考えました。大手監査法人のお墨付きが必要でした。取締役たちの目を覚まさせるためにも。

その週の後半は、予定通り、ドイツへの出張をこなしました。そのさなか、一〇月六日、ハンブルクでの取締役会に出席中、その前日に現状報告を送っていた日本の宮田から意外な返信が届いたのです。

マイケル、戦いはすぐには終わらないという君の見通しは間違いではないでしょう。それにしても、ファーストラウンドは素晴らしい成果を上げたのではないでしょうか。（中略）ただ、君のCEO昇格の発表ですが、オリンパスのグローバルの（英語の）ウェブサイトには出ていますが、日本語のサイトには見当たりません。日本のメディアもまだ何も報じていません。君が社長になったときの騒ぎと比べると奇異に感じます。明日にはニュースになり、私がちょっと心配しすぎだったということになるかもしれませんが。

私は宮田と確認を取りましたが、私のCEO昇格の発表はやはり英語のリリースでのみ出されていました。これは一体何を意味するのでしょうか？　菊川が不気味にも私を褒めそやしたあのリリースは日本のメディアには渡っていなかったのです。

私はすぐさま森にメールで問い合わせました。PwCからの報告が届くのを待つあいだ、森とは何度かメールでやりとりをしていました。この時期はなぜか、森からの返事はスムースで、満足のいくものでした。ジャイラス買収時の契約書や関連書類も次々に送られてきていました。CEO昇格の発表の件についても、森はすぐに返事をよこしました。日本語のオリンパス公式サイトで発表されないのは、銀行との「デリケートな関係」のためだ、という説明でした。

私には理解できない返答でした。英語での発表が日本に伝わらないわけがありません。取締役会の決議も経ているのです。日本で私の昇格を発表したくない理由は何なのでしょうか？　私がまたメディアに取り上げられるのを恐れているのでしょうか？　それに、銀行がこの問題にどのように関係するのでしょうか？　いずれにせよ、菊川たちが裏でなにか画策しているのは間違いありません。焦りが募りました。

一〇月一一日の火曜日、ついにＰｗＣから中間報告が届きました。その中身は衝撃的ではありましたが、予想の範囲内のものでした。報告は、ジャイラス買収について、不適切な取引があった可能性を「この段階では除外できない」として、オリンパスは「マネーロンダリングを含む、広い範囲での規制違反について調査することが重要」としました。さらに、本案件について、「規制当局、検察などから捜査を受ける可能性」と、「不適切な会計処理、不適切な支払い、そして取締役の忠実義務違反を含む違法行為があった可能性」を認めていました。

私は六通目の手紙（巻末資料）に取り掛かりました。菊川に宛てた手紙です。それは彼への最後通牒でした。私はＰｗＣの調査報告を示しながら、これまでの論点を再整理したうえで、最後にこう結論づけました。

会社の利益を第一に考えれば、またあなたがたの名誉ある未来のためにも、あなたと森さんはこれまでの経緯とその結果にしっかりと向き合うべきです。いかなる考慮を加えても、恥ずべきとしか言いようのない事態です。現状に至ってはもはや擁護できない事態であることが明白であり、今後の前進のためにも、あなたがたの辞任以外に取るべき道はないと考えます。それにより、この問題を慎重に扱うことが可能となり、オリンパスおよびおふたりの評判に傷がつくリスクを最小限に抑えることができます。もし、辞任の意思がないということであれば、私の主たる責務である忠実義務に基づき、当社のガバナンスへの懸念を当局に提起しなければなりません。

日本には明日戻りますが、すぐに東北に視察に行く予定です。あなたと森さんには金曜日にお目にかかって、今後の具体的な対応を話し合えればと思います。

＊読みやすさを考慮し、オリジナルの訳文に一部手を入れています（編集部）

その日の夕方には手紙を書き終え、それにサインしました。国際宅配便の締め切りに間に合わなかったので、紙の手紙はイギリスから後送してもらうことになりました。日本に着いたらカバーレターを完成させ、菊川と他の取締役全員、監査法人に宛ててメールで先に送ることにしました。

午後七時ごろに慌ててオフィスを出て、サウスエンド空港からパリのシャルル・ド・ゴール空港に飛び、エールフランス航空の専用ラウンジで一休みしました。真夜中近くなるまで、私の乗る便は出発しません。窓の外では飛行機のライトが明滅しており、ブリティッシュ・エアウェイズとイベリア航空の飛行機の尾翼が見えていました。

ラウンジでは素晴らしいフランス料理が提供されましたが、それを楽しむ余裕はありませんでした。頭は手紙のことでいっぱいでした。菊川はこのような文面の手紙を受け取ったことなどないに違いありません。きっと驚くだろう、そう思いました。あるいはもう予期しているでしょうか。どう転ぶかはわかりませんが、次に起こることが勝敗を決定づけることは承知していました。我々はもう引き返せないところまで互いを追い込んだのです。

また東に向かうんだな、とぼんやり考えながら、私は東京へと向かう最終便のボーイング777に乗り込みました。

東京に着いたのは一〇月一二日水曜日の午後六時ごろでした。マンションに戻り、急いでカバーレターを仕上げ、宮田がそれをすぐに日本語に翻訳してくれました。準備を終えたのは木曜日の午前一時すぎでした。ベッドに寝転がり、ＶＡＩＯで手紙の内容の最終確認をしました。いつもどおり、曖昧な表現、遠まわしな表現をすべて取り除き、私の意思が誤解されないよう文章を整えました。そして、これまで応援してくれた仲間たちからのメールを読みなおして、自分が正しいことをしているという信念を揺るぎないものにしました。それでも、「送信」ボタンを押すのには躊躇《ちゅうちょ》がありました。これですっきりできるという思いと、戦いから逃げたいという思いが交錯していました。

私は「送信」ボタンを押しました。思い切って。一時一〇分でした。

これはオリンパスの将来を決定づける重大な手紙でした。取締役たちには「日本人」や「外国人」といった時代遅れの感覚でとらえることなく、理性的に受け止めてほしいと心から願っていました。私の手紙やＰｗＣの調査報告で指摘されている疑惑を客観的に検討してもらいたかったのです。

カバーレターには次のように書きました。

取締役会メンバーの皆様、

標記の件に関する二〇一一年一〇月一一日付の私から菊川さん宛ての手紙を添付いたしま

したのでご覧ください。内容の詳細及び添付されたプライスウォーターハウスクーパース社の報告書をお読みいただくに当たり、私が外国人であると言う事実に惑わされること無く、また皆様の長期間にわたる個人的な忠誠心などが、この件に関するロジックをゆがめること無く、対象となる個別案件の詳細を捉えていただけることを願っております。

ここに詳細に記されている出来事は尋常ではなく、当社の財政を著しく弱め、ここから前進を試みるためには、当事者の責任が明確にされなければなりません。「じっとして嵐が過ぎ去るのを待つ」という試みは論外ですし、「都合の悪い事実を隠し通せるのでは」という態度は、プライスウォーターハウスクーパース社の報告書の存在を考えれば通用しません。報告書はジャイラス社買収に絡むＡＸＥＳ／ＡＸＡＭ社への支払いに関する一連の出来事を明確に不適切なものと宣告しており、また支払われた金額との関連で全く実体のない三つの会社（アルティス社、ヒューマラボ社、ＮＥＷＳ　ＣＨＥＦ社）の不可解な買収と、その結果失われた巨大な金額に関しても同様です。

私は当社と四年間の条件固定の契約を結んでおり、私の地位変更による個人的メリットは一切ありません。私の唯一の懸念と動機は当社の最適利益を図ることであり、正しいと思うことを信念と覚悟をもって進める所存であります。

夜が明け、私は東北への視察に出かけました。私はそこで大震災の惨状を目の当たりにすることになります。そして、その翌日、一〇月一四日に私は解任されたのです。

OLYMPUS Your Vision, Our Future

ホーム | サイトマップ

お知らせ

2011年10月14日

代表取締役の異動に関するお知らせ

当社は、本日開催の取締役会において、以下のとおり、本日付で、代表取締役社長の解職等を決議いたしましたので、お知らせいたします。

1. 異動の理由

マイケル・シー・ウッドフォード氏と他の経営陣の間にて、経営の方向性・手法に関して大きな乖離が生じ、経営の意思決定に支障をきたす状況になりました。
そのため、同氏の下での経営体制においては、「グローバル化のネクストステージへ」をスローガンとする2010年経営基本計画の実現が困難であると判断し、本日、同氏に対する代表取締役・社長執行役員の解職（代表取締役及び社長執行役員のいずれからも解職し、業務執行権のない取締役とすることを）を、特別利害関係があるために議決に参加しなかった同氏を除く出席取締役の全員一致にて決議いたしました。また、これに伴い、代表取締役会長の菊川剛が本日付で社長執行役員を兼任することも決議いたしました。

当社の目指すグローバル経営とは、人と技術とものづくりの誇りを大切にする日本型経営の良さを生かしつつ、世界共通の経営ルール、情報管理、オペレーションを実施し、より機動的で効率的な事業基盤の構築を目指すものです。この実現に向けて、全社員が同じベクトルを持ち、社員が一丸となって共通のゴールへと向かうための新体制づくりを早急に進めてまいります。

2. 異動の内容

新役職名	氏名（ふりがな）	旧役職名
代表取締役会長兼 社長執行役員	菊川 剛 （きくかわ つよし）	代表取締役会長
取締役	マイケル・シー・ウッドフォード (Michael C. Woodford)	代表取締役・社長執行役員

オリンパス・ホームページ 適時開示情報

第9章　理由　二〇一一年一〇月（2）

そもそも、なぜ、菊川は私を社長に選んだのでしょうか。

二〇一一年二月に私がオリンパスの社長に就任するとのリリースが流れたとき、日本のメディアの反応は極めて好意的でした。一〇年にわたり社長を務めた菊川に代わって、二〇歳も若い、イギリス人の私が社長になるのは、国際的な企業であるオリンパスにとってポジティブな変化と受け止められたのです。デジタルカメラ市場での苦戦もあり、会社の業績は芳しくありませんでした。二〇〇八年三月期に一兆一二八九億円だった連結の売上は、二〇一〇年の同じ期には八八三一億円まで落ちこんでいました。さらには、七〇〇〇億円近い有利子負債を抱え、二〇一一年三月期の第3四半期までの九カ月間（二〇一〇年年四～一二月）の連結純利益は八六億七七〇〇万円（二一月一四日提出の修正決算で五八億四四〇〇万円に減額）と前年同期に比べ八割も減っていました。

ですから、デジタルカメラで一時代を築いた菊川から、内外で今後さらなる発展の期待できる医療事業出身の私へのバトンタッチは理にかなった判断だと評価されたのです。株式市場もすぐに反応して、オリンパスの株価は上昇しました。

菊川にとって会社の財務体質の改善は急務でした。前述の有利子負債だけでなく、後に発覚する過去の投資による「隠された負債」もありました。この債務の返済による負担が増大すれば、商品開発に使える資金は目減りして、ライバルとの激しい競争を勝ち抜くのは難しくなります。会社の収益率を飛躍的に高め、収益構造を盤石にする必要がありました。

そこで白羽の矢が立ったのが私でした。私はヨーロッパやアメリカで、彼の期待にずっと応えてきたからです。

菊川の判断は正しかったと思います。外国人を社長に抜擢して、医療事業を主力にさらなるグローバル化を推進することで、オリンパスの収益は大幅に増加した可能性があります。負債の削減にも着手できたかもしれません。そういう意味では、私は彼の大胆さと先見性は高く評価されるべきだと思います。実際、菊川の二代前の社長の下山敏郎《しもやまとしろう》は、私（あるいは外国人）の社長就任に良い顔をしなかったと聞いています。もし、『ＦＡＣＴＡ』の記事がなければ、私はいまも菊川と二人三脚で会社の改革に取り組んでいたはずです。あの記事がなければ、私が過去の疑惑にわざわざ目を向けることはなかったでしょうから。うまくいけば、数年後には会社の業績が回復して、菊川は名経営者として讃えられていたかもしれません。

菊川の唯一の誤算が『ＦＡＣＴＡ』と内部告発者でした。彼はまさかジャイラスや国内三社の件が露見するとは考えていなかったのでしょう。オリンパスはテレビや新聞、雑誌の大スポンサーですし、都合の悪い記事は排除できる自信があったのかもしれません。メディア出身者を社外取締役に迎えてもいました。だからこそ、菊川は私を社長に指名できたのでしょう。彼は私の性格をよく知っていました。私が不正を見過ごすとは期待していなかったはずです。あるいは万が一露呈しても、私を懐柔できると思っていたのでしょうか。そうであれば、彼の目は権力欲で曇っていたと言わざるをえません。

一〇月一四日、菊川は私を解任すると、ただちに記者会見を開きました。「（ウッドフォード氏の）独断専横な経営手法が組織に混乱を与え、他の経営陣とのあいだに大きな方向性の隔たりが生じた。彼の素質を見抜けなかった私に任命責任がある。忸怩《じくじ》たる思いだが、一刻の猶予もないと判断した」と報道陣に語り、「日本人がやりにくい問答無用な経営を期待していた」ものの、合理化策の推進は「オリンパスの企業風土、理念、経営スタイル、日本の文化を生かさなければならないが（ウッドフォード氏には）理解してもらえなかった」としたうえで、自らの社長復帰を宣言しました。彼は任命責任に言及しながらも、「役員報酬の減額などは予定がない」としました。その二週間前、私のCEO就任に際し、「オリンパスのグローバルな組織のなかで、彼がみせる文化の違いへの理解と思慮深さに、私は特に感銘を受けた」と英語で声明を出した同じ人物の発言とは思えませんでした。

オリンパスの株価は前日一〇月一三日の終値二四八二円から、二〇四五円にまで急落しました。当初、日本のメディアの多くは、これを「文化の違い」による解任と報じました。それは菊川たちが意図した通りの反応だったに違いありません。外国人社長はとかく、無慈悲な「コストカット」や「リストラ」と結び付けられがちで、私が「日本型経営になじまなかった」という菊川の説明は耳に心地よかったのでしょう。過去のM&Aに関する巨額の支出に言及するメディアは皆無でした。

一〇月一五日の早朝、解任された私はロンドンに戻りました。私の提供した資料をもとに、『フィナンシャル・タイムズ』が独占スクープとして、一面と中面でかなり詳しく事件を報じました。記事にはジャイラス、KPMG、AXAMの名前が躍り、具体的な金額も示されていました。記事の見出しのひとつは「たんなる文化の衝突ではない問題」でした。その後を、『ウォール・ストリート・ジャーナル』、『ニューヨーク・タイムズ』、ブルームバーグやロイター通信社などの英米の有力メディアが追いました。私の携帯にはひっきりなしに電話がかかってきて、コメントを求められました。

英米の反応を受けて、日本のメディアからも次第に連絡が入るようになりました。彼らはおずおずとオリンパスと私のあいだに「見解の相違」があることを伝えはじめ、解任から一週間ほど経つと一部の新聞雑誌が私の主張を具体的に取り上げるようになりました。喜ばしいことではありましたが、あまりに遅すぎました。『ＦＡＣＴＡ』の最初の記事から三カ月以上が経っているのです。彼らが自国の企業の問題にもっと敏感であれば、私は解任されずに済んだかもしれません。オリンパスの危機をもっと穏やかに、前向きに処理できたかもしれません。

その後、日本の様々な記者からインタビューを受け、その多くが優秀であることに感銘を受けました。が、それでもまだ、私は日本のジャーナリズムへの疑念を捨て切れていません。企業の健全なガバナンスは、健全なジャーナリズムなくしては成り立たないものです。

第10章　孤独

二〇一一年一〇月（3）

一〇月一六日、私がメディアの対応に追われているあいだに、妻のナンシーが会社のＰＣとｉＰｈｏｎｅ、クレジットカード、東京のマンションの鍵を英国法人のオフィスに返しに行きました。まだ取締役ではありましたが、返すと約束した物は返すのが私の流儀です。ＰＣと携帯電話のデータはすべて専門家に頼んで消去したので、支援してくれた仲間の安全はひとまず守られました。

「ウッドフォードさんはよい人だったのに残念だね」

会社の警備員はそう言ってくれたそうです。

三〇年勤めた会社を離れてしまうと、私に残されたのは家族と昔からの友人だけでした。その前の晩、私は家族とサウスエンドの自宅近くの中華料理店「ミスター・ピン」でそろって夕食をとりました。エドワードは私を心配して大学からわざわざ戻ってきてくれました。私は妻と子供たちに東京で起こったことを説明して、さらなる試練に家族がさらされるかもしれないと告げました。妻も子供たちも私の行動が間違っていないと勇気づけてくれ、これからも助けあって頑張っていこうと言ってくれました。これまで私がかけてきた苦労にもかかわらず。

解任されてまもなく、長年一緒に働いてきた同僚の多くは——日本人も欧米人も——私との連絡を断つようになりました。その中には家族ぐるみの付き合いをしてきた者も、一時は私への支持を表明してくれていた者もいました。心ある同僚は、「会社の命令でやむなくあなたとの付き合いを控えたいと思います。家族の生活を守らなければいけないのです」と律儀にメールしてきました。私は彼らの立場を理解します。ですが、悲しいことに、不正の隠蔽に積極的に加担したうえに、私に「菊川への個人的な恨みをはらすために、会社全体を危険にさらした」と非難のメールを送ってきた人もいました。会社を危険にさらしたのは私でしょうか?

そうしたやりとりを経るうちに、私は内部告発者の孤独をようやく理解しました。それは誰も住み着くことのない孤島のようなものでした。仲間も敵も事情はどうであれ、みな去っていくのです。私はまだ社内にいるはずの最初の告発者の心中を思い胸が痛みました。

ですから、家族や宮田耕治をはじめとする友人たちのサポートが本当に有難く感じられました。特に、東京在住の長年の友人、ミラー和空は私の大きな力になってくれました。彼は控えめに言ってもユニークな男です。日本人の妻を持つ日本在住三〇年余りのアメリカ人。PR会社を営む仏教僧で、いつも僧服に身を包んでいます。ミュージシャンであり、物書きであり、翻訳家でもあります。極めて不真面目なユーモアのセンスを持ち、私とナンシーが反社会的勢力への不安に苛《さいな》まれているときも、こう言って励ましてくれました。

「大丈夫だ。『FACTA』の編集長もまだ殺されてない」

和空とは一〇年以上の付き合いでした。彼が駐日英国大使館の広報誌の仕事でキーメッドに取材に訪れたときに意気投合したのがはじまりです。和空は私にビジネスで知る日本とは別の日本の姿を教えてくれた人物でした。陶芸など日本の芸術のすばらしさの一端に触れられたのは彼のおかげです。山歩きにも一緒に出かけました。一度などは、熊に遭わないように鈴をつけて、高野山から熊野古道を歩き、熊野本宮にお参りしました。和空がいなければ、私は日本を今のように好きにはならなかったかもしれません。

解任後、和空は私の日本でのスポークスマンを買ってでてくれました。私との友情のためでもあり、また、彼の日本への深い愛情のためでもありました。和空は、オリンパス事件が単に一《いち》企業の問題でなく、日本社会の根深い問題と結びついていると考えていたのです。彼は使命に燃え、宮田耕治のように二四時間、私のサポートをしてくれました。もちろん無償でです。和空は日本のメディアとの交渉を一手に引き受け、あるいは取材を依頼して、日本における事件の存在感を拡大させていきました。

海外でも、日本でもオリンパスへの追及の声は高まる一方でしたが、オリンパスはかたくなに不正の存在を否定しつづけました。PwCの調査報告も公式のものと認めず、ジャイラスの買収については監査役会全員一致で「不正・違法行為は認められず、取締役の善管注意義務違反および手続き的瑕疵《かし》は認められない」と発表しました。

それだけでなく、私の解任も菊川と森に辞職を迫ったことが「直接の理由」ではなく、それは私が行った「独断的な行為」のひとつであり、「他の経営陣（と）の間にて、経営の方向性・手法に関して大きな乖離が生じ、経営の意思決定に支障をきたす状況になったこと」が理由であるとしました。つまり、過去のM&Aと私の解任の関連を否定したのです。

さらには「（ウッドフォード氏が）現在も当社の取締役という立場であるにもかかわらず、経営の混乱を招き、企業価値を損ねたことは真に遺憾であり、同氏に対し、必要に応じて法的措置も検討したい」（オリンパス適時開示情報。二〇一一年一〇月一九日付）と訴訟さえ匂わせました。

しかし、一〇月二一日、メディアの攻勢や海外の大株主からの懸念の声を受け、オリンパスは第三者委員会を設立して問題を調査すると約束しました。菊川らは次第に追い詰められて行きました。菊川や森が発表する過去の買収やコンサルティング料に関する数字も日々変化し、発言も支離滅裂でした。オリンパスの株価は下落の一途をたどりました。

そのとき私はすでに、各国の当局に公的な捜査を求めていました。真実を突き止め、オリンパスから菊川らを排除するためです。もちろん、傷ついた私の名誉を回復したいとも思っていました。私は「独断的な行為」など一切していないつもりです。私が解雇されたのは不正を追及したからです。解任後すぐは、呆然として今後のことなど考えられませんでしたが、じきに、やはりオリンパスに戻って、会社の立て直しを手伝いたいという気持ちが強くなりました。そのためには、菊川らとの戦いを止めるわけにはいきませんでした。

イギリスの重大不正監視局（ＳＦＯ）に自分の持つ資料を提出して、正式な調査の開始を求めました。日本の証券取引等監視委員会にも弁護士を通じて経緯の説明をし、早期の捜査開始を要請しました。のちに、アメリカのＦＢＩも調査を始めたので、私はニューヨークへ自費でわたり、彼らにも協力を申し出ました。私はオリンパスの立ち上げる第三者委員会がきちんと機能するとは期待していませんでした。第三者委員会には捜査当局のような強制権限はありません。銀行など関連する他企業へは資料の提出などについて任意の「お願い」ができるだけで、「強制」はできないのです。真実の解明は捜査当局にしかできない、そう思っていました。二〇〇九年には、外部の有識者による委員会がオリンパスの不正な取引にお墨付きを与えていた前例もあるのです。

当時、私の「反社会的勢力」への不安はもっとも高まっていました。ニューヨークの有力なジャーナリストや日本の知人から何度も警告のメールが届いていたのです。オリンパス内部の告発者から反社会的勢力の存在に言及するメッセージをもらったのもこのころでした。そういう意味でも、私が頼れるのは各国の捜査当局だけでした。地元の警察が私と家族の安全を気にかけてくれてはいましたが、妻のナンシーは悪夢に悩まされるようになっていました。彼女は一度、夜中にこう叫びながら飛び起きたこともあります。

「あいつらが捕まえにくる!」

私も一種のパニックに陥っていました。メールの送受信がうまくいかないと誰かの監視を疑い、ロンドン証券取引所のＩＴ部門のトップを務める知人にわざわざ家まで来てもらったこともありました。ストレスからふたたび不眠に陥りました。メディアからはひっきりなしに連絡が入り、家族の生活を以前にも増してひどいものにしてしまいました。

さらなるストレスの原因となったのは、私に対する日本国内でのネガティブ・キャンペーンでした。根も葉もない噂が飛び交っていました。

「オリンパスのカメラ部門をすべてリストラして、二万人の首切りを行うつもりだった」

「中国や韓国勢と組んで日本の技術を奪おうとしている」

「株価の下落につけこんで、ハゲタカファンドと共に乗り込んでくる」

「ＰｗＣに調査を依頼したときに、持株をすべて売り払ったらしい」

すべてがデマでした。私はオリンパスのデジタルカメラ部門は復調の途上にあるとみていました。適切なコスト管理さえすれば強力なライバルに勝てる可能性がありました。それに私のチームは宮田と和空だけで、中国や韓国のライバルやハゲタカファンドと組んだことなどありません。ＰＲ会社すら使っていないのです。イギリスやアメリカのメディアの取材の管理はナンシーがひとりで行っており、ジャーナリストたちに驚かれることもしばしばでした。株ももちろん売っていません。

菊川は日本の全社員に向けて、私の人格を否定するようなメールを何通も送っていたそうです。彼に言わせれば、私は極端な「日本嫌い」だそうです。そんな人物がそもそも日本企業で三〇年も働くものでしょうか？　また、「九月は三日間しか日本に滞在していなかった」とも非難されましたが、その月はヨーロッパとアメリカへの出張に加えて、菊川の命令で、彼がそれまで担当していた世界じゅうの投資家とのミーティングに参加していたのです。私が日本をないがしろにするわけがありません。

どれもこれも嘘ばかりでした。それでも人は噂を真に受けるものです。オリンパス社内の人々も同じでした。日本のメディアもです。のちに、「ＣＥＯ昇格の見返りに口を閉ざす約束をした」と報じた日本の通信社がありましたが、私の抗議を受けてすぐに謝罪して、責任者の名前でニュースを撤回しました。ソースはオリンパス内部の人間だったそうです。

海外のメディアが私をポジティブに報じてくれていたのが救いでしたが、私にはかつての同僚たちに語りかけるすべはなく、鬱々とした日々を過ごしていました。

第11章 辞任 二〇一一年一〇月（4）

しかし、いくら私個人を攻撃しても、オリンパスの過去の不正に向けられた注目を逸らすことはできませんでした。

一〇月二一日には、ロイター通信が事件のキーマンとされるAXAMインベストメント／AXESアメリカの佐川肇《さがわはじめ》の自宅を見つけ、取材しました。本人は不在でしたが、妻が代わりに出てきて、「夫は何も悪いことをしていない」と語ったといいます。

二三日には、『ニューヨーク・タイムズ』が佐川とアクシーズ・ジャパン証券の中川昭夫《なかがわあきお》のジャイラス買収への深い関与を報じて、二人の行方を追っていました。同紙は翌日にも、オリンパス子会社のベンチャーキャピタルITX元社長の横尾昭信《よこおあきのぶ》とその弟で投資顧問会社グローバル・

カンパニー社長の横尾宣政《よこおのぶまさ》の国内三社買収への関与を続報しました。『ニューヨーク・タイムズ』はグローバル・カンパニーの東京のオフィスを取材しましたが、すでにもぬけの殻《から》でした。興味深いことに、佐川、中川、横尾宣政は全員野村證券の出身でした。

私は可能な限り取材を受けていました。『日経ビジネス』、『週刊ダイヤモンド』、『産経新聞』のインタビューに答え、事件の経緯を繰り返し説明しました。CNNにも生出演しました。心身ともに疲れはてていましたが、私はこの事件に取り憑かれていました。執着、というのが正しい言葉かもしれません。オリンパスや菊川のことは忘れて新しい人生に踏み出すこともできたはずです。ナンシーもそれを望んでいました。ですが、三〇年勤めた会社を簡単に頭から追いやることはできません。宮田もオリンパスのために、私が会社に残ることを強く望んでいました。彼は私の復帰が社員と世界じゅうの株主のためになると信じてくれていました。

それにまだ、真実は解明されていないのです。

一〇月二六日、私はナンシーとともにニューヨークに滞在していました。FBIに会い、アメリカのメディアの取材を受けるためでした。午前三時、まだベッドでまどろんでいたころ、私の携帯がメールの着信を知らせました。それも次々と。ナンシーがメールを確認して、こう言いました。

「菊川が辞任したわ」

それは、菊川が会長兼CEOを辞任して代表権のない取締役に退き、専務の髙山修一《たかやましゅういち》が新しく社長に就任するとのニュースでした。辞任の理由は一連の報道や株価低迷の責任を取るとのことでしたが、菊川は会見にさえ出席しませんでした。

「これで彼も終わりね！」

たしかに、菊川の辞任はよい兆しではありました。しかし、髙山の就任会見でも、会社は依然として過去のM&A活動は適正との立場を取りつづけ、最終的な判断は今後設立される第三者委員会に委《ゆだ》ねるとしただけでした。さらに髙山は、私が「社内の機密情報を全部開示したことに大変な憤りを感じる」と非難したのです。まるで「上手くやれば、隠し通すことも可能だったのに」と言っているのも同然でした。頭をすげ替えただけで、会社の姿勢に変化はなく、しかも、菊川は取締役として会社に残るのです。

残念なほどに愚かでした。これで事態が収拾できると考えたのでしょうか。私は髙山を温かい心を持った、物静かで控えめな好人物だと思っていました。他の取締役よりも私に好意を示してくれていて、先日もちょうど、彼がオーストラリアで留学している息子の卒業式に出席した話を聞いたばかりでした。それに、以前より不正に関わっていた菊川や森、そして監査役の山田秀雄《やまだひでお》に比べればずっとクリーンでした。もちろん、私の手紙やＰｗＣの調査報告を受け取っており、取締役として責任がないとは言えません。ですが、高山が不正の存在を認め、取締役を一新して、会社の膿をすべて出すこともできたはずです。

しかし、取締役たちはすでに正気を失っていたのでしょう。私は彼らが集団自殺に走るレミングのように思えました。

会見の翌日、オリンパスの株価は少しだけ持ち直しましたが、二日目には急落し、私が解任された日の終値二〇四五円の半値近くになっていました。オリンパスは株価の下落の責任は私にあるとの声明を出しました。

第12章 発表

二〇一一年一一月（1）

一〇月三〇日、野田首相が『フィナンシャル・タイムズ』のインタビューで、今回の件が「市場経済国としての日本の評価をおとしめる恐れがある」と述べ、オリンパスに真実の解明とそれに基づく適切な処置を求める異例のコメントを発表しました。私は野田首相の発言に良心をみて、励まされました。それに彼の懸念は当を得たものでした。世界じゅうの投資家が日本企業のガバナンスに疑念を投げかけていたからです。東京証券取引所の取引額の七〇パーセントは海外の投資家によるものです。彼らの信頼を失えば、日本から巨額の資金が逃げていくことになります。

ただ、実際、日本の企業が他の資本主義国と同じルールで動いているのかという点には私は疑問を抱いています。日本の企業のあいだには、他の先進国では認められないような、様々なもたれあいが根強く残っています。その一例として、私がいつも指摘するのは企業間の株式の持ち合いです。ヨーロッパの一部にも同様の慣習はありますが、日本のそれはあまりにも独特です。株の持ち合いは、戦後の成長期には他国企業からの敵対的買収を防ぎ、日本企業の安定的成長に寄与したかもしれません。しかし現在では、不健全なもたれあいの構図を生み出しているだけです。売却もしなければ批判もしない暗黙のルールが、厳しいガバナンスの妨げになり、無責任がはびこる理由になっているのではないでしょうか。それゆえに、一流の技術があっても、二流かそれ以下の経営陣が居残りつづけ、国際的な競争力を失う結果になるのです。

オリンパスの件でも、大株主である日本の機関投資家は公的には沈黙を守りました。株価が暴落して、彼ら自身だけでなく彼らの株主も大きな損失を被《こうむ》っているにもかかわらずです。海外の株主が声高に取締役の一新を求めたのとは対照的でした。日本の大株主は、株主としての利益でなく、ビジネス上の利益を優先して行動するのです。たとえば、オリンパスのメインバンクの三井住友銀行や準メインバンクの三菱東京ＵＦＪ銀行は、オリンパスの大株主でありながら、貸し手であり、またシンジケートローンのアレンジャーでした。利害関係が複雑に絡まり合っているのです。これでは健全な資本主義市場が成立するわけがありません。

残念なことに、オリンパスの事件は、世界が日本企業のガバナンスを疑うきっかけになってしまいました。

一一月一日には第三者委員会が正式に立ち上がり、委員長に元最高裁判所判事の甲斐中辰夫《かいなかたつお》が就任しました。二日には、奈良県の個人株主が過去のM&Aによって多額の損害が発生したとして、菊川ら当時の経営陣を相手取り損害賠償請求訴訟を起こすよう、オリンパスの監査役に要求していると報じられました。請求額は約一四九四億円にものぼりました。日本でも海外でも新しい事実が次々と報道され、オリンパスの株価はさらに下がりつづけました。一一月七日には、私の解任時より五割ほど値を下げ、終値一〇三四円にまで落ち込みました。

そして、ついに一一月八日の午前中、市場と株主とメディアの圧力に負けるように、オリンパスは「過去の損失計上先送りに関するお知らせ」という声明を出して、不正の存在を認め、その隠された理由をも明らかにしたのです。

当社が、一九九〇年代ころから有価証券投資等にかかる損失計上の先送りを行っており、Gyrus Group PLC の買収に際しアドバイザーに支払った報酬や優先株の買戻しの資金並びに国内新事業三社（株式会社アルティス、NEWS CHEF株式会社および株式会社ヒューマラボ）の買収資金は、複数のファンドを通す等の方法により、損失計上先送りによる投資有価証券等の含み損を解消するためなどに利用されていたことが判明いたしました。

（オリンパス適時開示情報。二〇一一年一一月八日付より抜粋）


結局のところ、ジャイラスおよび国内三社買収に関する巨額の支払いは、以前の経営陣から引き継がれてきたバブル期前後の財テクの損失を隠蔽するために使われていたのです。髙山は会見を開き、これまで巨額の支払いを「適正」としてきた発言を謝罪したうえで、菊川、森、山田の三人が、この損失先送りに主に関与してきたと発表しました。副社長の森が解任され、監査役の山田の辞任の意向も伝えられました。しかし髙山は、ここに至ってもまだ、私の解職理由を「本人の資質と独断専行的な行動」にあるとして、不正の追及とは関係ないと明言したのです。日本のメディアはこの点について、目立った反発はしませんでした。ただ、事実を伝えたのみです。

私は暗澹《あんたん》たる気持ちになりました。私と同僚たちが稼いできた利益が上層部の失敗の尻ぬぐいに使われたことには怒りを感じましたが、聞かされてみればつまらない真実でした。ですが、不正の存在と菊川らの責任が明らかになってもなお、髙山と他の取締役たちは私の解職理由を変えようとはしなかったのです。彼らはどうしたら菊川の呪縛から解放されるのでしょうか？　取締役という立場の人間さえもネガティブ・キャンペーンを鵜呑《うの》みにしてしまっているのでしょうか？

私の知っている高山は決して悪い人間ではありません。それを言えば、辞任を表明した監査役の山田もそうです。私は山田とパークハイアットのジムでよく一緒になったものです。彼はいつも私に思いやりのある態度で接してくれ、あるときは私と妻へのおみやげとしておきあがりこぼしをふたつプレゼントしてくれました。そんな彼らが集団になると、どうしてみずからの良心に反するような行動をとるのでしょうか。あるいは、私が彼らを見誤っていただけでしょうか。

不正が明らかになり、関与した者が首になったとしても、会社の「病巣」が取り除かれたとは言いがたい状況でした。

しかし、悪い出来事ばかりではありませんでした。一一月一二日、宮田と和空が私の復帰を支援するウェブサイト「オリンパス・グラスルーツ」www.olympusgrassroots.com を立ち上げると、予想をはるかに超えるポジティブな反応があったのです。このサイトでは、現役のオリンパス幹部の数名が中心になり、私の復帰への賛同を社員に呼びかける予定でした。宮田と和空はあくまで裏方のはずでしたが、結局幹部が直前での撤退を余儀なくされたため、宮田を中心にスタートすることになりました。和空の息子のダグラスが技術的にサポートをしてくれていました。私はよく外国や外資の手先と非難を浴びていましたが、実際には、私の味方は家族と友人とまたその家族だけでした。

八日の発表で、オリンパスが過去に有価証券報告書への虚偽記載を行っていたのは確実でした。つまり、粉飾決算を行ったということです。オリンパスの株はすでに東京証券取引所の監理銘柄に指定されており、もし東証が虚偽記載の影響を「重大」だと判断すれば、上場廃止が決まります。そうなれば、かつてのカネボウやライブドアと同じく、オリンパスはもはや独立した企業として存続できなくなる可能性があります。九〇年以上続いてきた立派な会社が消え去ってしまうのです。

宮田はこの会社存亡の危機に、「座して死を待つ」のではなく、「行動する勇気」を持って立ち上がろうと、ウェブサイトを通じて社員やＯＢに呼びかけました。彼は、私の解任の理由が過去の不正に関して当時の経営陣に辞任を迫ったからだと断言しました。そのうえで、オリンパスがみずから膿を出しきり、新しいガバナンス体制を構築するとのメッセージを世界に発信し、社会からの信頼を回復するためには私の復職以外に道はないと書き綴《つづ》りました。さらに彼は、社員やＯＢに匿名でも実名でもよいから声を上げて欲しい、署名をしてほしいと、呼びかけたのです。

まさに、グラスルーツ、草の根運動でした。

ウェブサイトにはアクセスが殺到しました。立ち上げ二日目にはサーバーがクラッシュして、急遽専用サーバーへ移行したほどです。社員やOBだけでなく、社員の家族や株主、一般の方からも多くの賛同の声をいただきました。もちろん、一部否定的な反応もありました。ネガティブ・キャンペーンの噂を信じて、私の復帰に疑義を呈する方々もいました。宮田はそのひとつひとつのメッセージに対して、噂が真実でない旨の証拠を提示して、丁寧に反論していきました。宮田が返信したメールは最終的には一〇〇〇通を超えたそうです。

なかには、宮田自身に対する中傷もありました。私が復帰した暁には、宮田がオリンパスに役員として戻る密約があるというのです。そんな約束などありません。宮田はかつて取締役だった時期に不正の存在を見抜けなかった責任を認め、自分はクリーンではないと明言しています。会社に戻る気などありません。そもそも、宮田はこのサイトを私の依頼で立ち上げたわけではないのです。彼は会社の将来のために、動揺する社員に正しい情報と希望を与えるために、周囲への協力をあおぎ一歩を踏み出したのです。会社への愛情からです。彼は今でもよく言います——別にマイケルのためにやったわけじゃない、と。

オリンパスは「グラスルーツ」運動の盛り上がりに敏感に反応しました。署名に参加しないように通達が出た部署もあったようです。社長の高山も社員に向けこのような「雑音」に惑わされないようにとのメッセージを出しました。最後には、高山は宮田に直接連絡を取り、サイトを閉鎖するように求めました。

「あなたのサイトが債権者を動揺させ、会社を更なる窮地に追い込んでいる。会社をつぶす気か？」

宮田は次のように答えたそうです。

「マイケルを復職させて、彼を中心に再生の道を構築するなら、即刻喜んでサイトを閉じますよ」

第13章　帰還　二〇一一年一一月（2）

警視庁での聴取を終え記者に囲まれる著者

　一一月一七日、『ニューヨーク・タイムズ』は、日本の捜査当局に近い人間から独自に入手したとする資料をもとに、損失先送りに関連して、オリンパスの資金が日本の犯罪組織に流れていた可能性を指摘しました。これが事実と確認されれば、オリンパスの上場廃止は決定的になります。二一日には、オリンパスの第三者委員会がコメントして、これまでの調査では、「買収資金が反社会的勢力（暴力団組織）に流れた」あるいは「買収案件等に反社会的勢力（暴力団組織）が関与していた」事実は認められないとしました。調査途中でこのようなコメントを出させたのにはオリンパスの焦りが感じられますが、私は時期尚早なコメントだと思いました。私のところには依然として複数のジャーナリストから、「反社会的勢力」に注意するよう警告のメールが届いていたのです。

一一月二二日、私はおよそ一カ月ぶりに日本に飛びました。滞在期間は四日しかなく、予定はぎっしりと詰まっていました。記者会見、マスコミの取材、エコノミスト・フォーラムでの講演、弁護士とのミーティング、警視庁、東京地検、証券取引等監視委員会ら当局の人間との面会。しかし、最大の目的はオリンパスの取締役会に出席することでした。私はまだ取締役であり、取締役会に出席する法的な権利があったのです。

ヒースロー空港にも多くの日本の報道陣が待ち受けていましたが、成田空港でのマスコミの数はその比ではありませんでした。驚いたことに、飛行機の私の隣の席を予約していたジャーナリストさえいました。到着ロビーには何十ものマスコミがひしめき合い、コメントや写真撮影を求めてきました。まるでロックスターのような扱いです。

「正義が行われるのを見にきました」私は彼らに繰り返しました。「オリンパスにはまだ一流のグローバル企業として存続できる力があります。ただ経営トップを取り除き、やり直す必要があるだけです」

続けて、オリンパスと日本のために前向きな雰囲気を作り出したくて、私はこう断言しました。

「改革は可能です」

なんとかマスコミの攻勢をくぐり抜けると、和空が待っていました。

「マイコー！　マイコー！　ムーンウォークしてくれ！」と彼は叫んでいました。

マイケル・ジャクソンじゃないんだ。私は恥ずかしく思いましたが、大笑いしてしまいました。


一一月二五日、私はオリンパスに戻ってきました。新宿モノリスビルの外では、テレビ・クルーやカメラマンが激しい陣取り合戦を行っていたため、警備員がなんと私を後ろから抱え上げて人混みの中を運んで行きました。ようやくビルに入り、エレベーターに乗ると、かつて自分のオフィスがあった一五階に上がりました。見慣れたスタッフたちの顔が見えました。心地よくもあり、居づらくもある奇妙な気分でした。私の元秘書が温かい笑顔で私と二人の弁護士を迎え、来客用の待合室へと案内してくれました。そして、いつものようにお茶を出してくれました。

「毒が入っているかもしれないから飲まないよ」と冗談を言うと、彼女は大きな声で笑いました。ですが、少しばかりそれを恐れていたのも事実です。

前日、まだ取締役として残っていた菊川、森と監査役の山田は正式に辞任していました。私と会って決まりの悪い思いをするのを避けたのに違いありません。ロイターは、「最終決戦《ショーダウン》の前に三人の役員が辞任」と報じました。私は彼らに会うのを楽しみにしていたのですが。同じ日に、高山も従業員宛に、オリンパス再生の目処《めど》がつき次第、取締役は「いつでも職を辞す覚悟で任にあたっている」とのメッセージを出していました。

しばらくして、取締役会が開かれる会議室へ呼ばれました。私の弁護士たちは外に残りました。部屋に入ると、高山以外の他の取締役たちはすでに緊張した様子でテーブルについていました。

「オハヨウゴザイマス」

いつもどおり私は日本語で言いました。無礼になるつもりはありませんでした。何人かが挨拶を返しました。久しぶりでしたが、握手を求める者はいませんでした。

前回彼らと会ったときから――つまり、私が解任されたときから――状況は大きく変わっていました。私には心の余裕がありました。不正を犯したのは私ではないのです。かつては私が彼らの不可解さを恐れていましたが、今は彼らのほうが私を恐れていました。

やがて高山が急ぎ足で入ってきて、会議が始まりました。その日の重要な議題はひとつだけでした。会社の上場を維持すべきか、廃止すべきかの判断だけです。高山はなんとしてでも上場を維持すべきだと主張しました。私も彼に同意しました。巨額の金融詐欺を犯した企業は上場廃止にして、他の企業への見せしめにするべきだ、との考え方もたしかにあります。しかし、私はそのようには考えません。悪事に携わった責任者たちが見せしめになればよいのであって、会社と社員にダメージを与える必要はありません。他の取締役もみな同意しました。

私には彼らに問いたいことがたくさんありました。なぜ、私の解職理由を変更しないのですか？　なぜ、あなたたちはすぐに取締役を辞めないのですか？　オリンパスだけでなく、日本の評判をも傷つけているのだと理解していますか？　そもそも恥ずかしくないのですか？　彼らはもちろん、菊川や森のように直接不正を行っていたわけではありません。ですが、彼らは私の手紙を無視することにより、不正の存続を許したのです。いわば間接的に悪に与《くみ》したのです。彼らは偉大な会社には相応しくない人物たちでした。会社の再生を待つまでもなく、一刻も早く会社を去ってほしかった。それでも、私は口を閉じていました。礼儀正しく、事務的に、戦略的にあろうと努めました。

会議中に専務の鈴木が私にこう言ったのを覚えています。

「あなたには（不正を突き止めるための）リソースがあったからできた。自分には無理だった」

私は六通もの手紙とＰｗＣの調査報告を彼と共有したはずでした。

もう一人の専務、柳澤は「第三者委員会に批判的なのは理解しがたい」と私を攻撃しました。

私は第三者委員会を批判したのではありません。強制権限を持つ当局が捜査すべきと主張していただけです。

『不思議の国のアリス』の世界に迷い込んだような気分でした。何もかもが、私の知るルールとは別のルールで動いていていました。

取締役会が終わっても、握手はありませんでした。私はただ立ち上がって、会議室を出ました。一時間ほどの短い会議でした。私は彼らが変われないことを再確認しました。

その日の午後は、東京の外国特派員協会で記者会見をしました。集まった記者の数は、ダライ・ラマ一四世の記者会見のときよりも多かったそうです。ひとつ面白い質問がありました。

「わざわざ日本に戻ってくるなんて、マゾヒストなんじゃないですか？」

「そうかもしれない」と私は答えました。

会見場は笑いに包まれました。特派員協会では、『FACTA』でオリンパス事件をスクープしたジャーナリストの山口義正《やまぐちよしまさ》（後にこのスクープにより第18回雑誌ジャーナリズム大賞受賞）にはじめて会いました。穏やかで控えめな物腰の男でしたが、彼こそが菊川を倒したのです。その後、日本と海外の新聞、雑誌、テレビからの取材を受け、和空のメディア戦略が前向きな効果を生み出していると実感しました。私の主張を支持してくれる記者やメディアは確実に増えていたのです。

宮田の「グラスルーツ」サイトにも依然としてたくさんのアクセスが集まっていました。現役社員、OB、株主、一般の方々あわせて四〇〇〇人から賛同の署名が届き、署名に参加せずとも多くの応援メッセージをもらいました。さらに重要なことは、このサイト上ではじつに建設的な議論が繰り広げられていたことです。取締役会とは大違いでした。

私は「グラスルーツ」サイトにて声明文を発表して、感謝の気持ちを伝え、次のように書きました。

我々がしなければならない最初の仕事は、いったい何が起こったのか、その全てを詳細に解明し尽くすことです。我々の将来は、我々が逃げずに過去としっかり対峙し、折り合うことが出来るかどうかにかかっています。犯罪行為に手を染めたものは罰されなければなりません。会社もガバナンスのゆるみから生じた不手際に、きちんとペナルティを払わなければなりません。そしてそれが出来た後初めて、我々は会社を復活させ、我々が信じる会社の潜在能力の高さを再び世の中に示すためのスタート台につけるのです。

翌日、私はニューヨークに向けて日本を発ちました。短い日本滞在でしたが、流れが明らかに変わってきているのを実感できました。

第14章　闘争　二〇一一年一二月(1)

ニコニコ生放送に出演した著者と和空（中）、宮田（下）

アメリカ時間の一一月三〇日（日本では一二月一日）、私はニューヨークで会見を開きオリンパスの取締役からの辞任を発表しました。事前に宮田に電話した際に、「オリンパスを見捨てるのか？」と言われましたが、もちろんそんなつもりはありません。その逆です。

結局、先日の取締役会を経て、私が会社に残っていても、内部からオリンパスを改革するのは不可能だと確信したのです。社内の一取締役《いち》として、私はいまだ完全に孤立していましたし、今の立場では、外部の投資家、株主などと連携して再建の道を模索することも許されません。

その前日に会社が発表した「『経営体制の刷新』と『将来ビジョンの提示』の検討体制の構築について」という声明に危機感を覚えたのも辞任のきっかけになりました。新たなコーポレート

・ガバナンスの仕組みを作り、経営陣を一新するというその発表の方向性は評価できましたが、その検討チームの責任者を社長の高山が務めるというのです。旧経営陣を擁護してきた彼が、ガバナンス強化の責任者になるなど悪い冗談にしか思えませんでした。責任を問われ一新される経営陣が次の経営陣を選ぶ、などということが許されるのでしょうか？

オリンパスに真に必要なのは、現経営陣から完全に独立した新しい経営陣です。新しい経営陣なくしては傷ついた会社の評判を回復することはできません。そこで私は仲間たちと相談のうえ、取締役を辞任して、プロキシーファイト（委任状争奪戦）に持ち込むことにしたのです。つまり、私を含んだ新経営陣案を提案し、株主による多数の賛同を得て、臨時株主総会で可決させようというプランです。私はそれがオリンパスにとってベストの選択だと考えました。会社の重要な意思決定は株主によってなされるべきです。特に、その舵取り役を誰にするかを選ぶときには。宮田も私のプランに納得してくれました。

私は「グラスルーツ」のウェブサイトにふたたび声明文を発表しました。私は取締役辞任の理由を説明して、現経営陣に対して臨時株主総会の開催を求めました。「グラスルーツ」を通じて、多くの従業員やその家族が支持を表明してくれました。

もちろんネガティブな反応もありました。私が海外の機関投資家やハゲタカファンドと組んで、オリンパスを乗っ取ろうとしているとか、あるいは、外国企業によるオリンパス買収の手先になっているなどというものいつもの憶測がありました。私がオリンパスで三〇年も働いてきた事実が簡単に忘れさられて、ただの類型的な外国人経営者と見られることには慣れています。しかし、それでも残念な気持ちにはなりました。

私は会見でも述べたように、オリンパスが日本の上場企業として日本人を中心に経営されることが望ましいと考えていました。会社の売却は言うまでもなく、他社との提携についても否定的な立場をとっていました。私はオリンパスは財政的に独立を保つべきだと考えていたのです。

そもそも、私はこのプロキシーファイトを敵対的に進めるつもりはありませんでした。経営陣一新の要求を撤回するつもりはありませんでしたが、会社の将来について髙山らと話し合う機会を持つことは重要だと思っていました。私への支持を表明していた海外の大株主であるアメリカの投資ファンド、サウスイースタンやハリス・アソシエイツなども、日本の株主や銀行との対立は望んではいません。株主間の対立は、会社の利益を決定的に損なうからです。私も彼らと同じ考えでした。実際、この二社は髙山にプロキシーファイトを避け、私の復職を検討するよう申し入れていました。

宮田と和空は私と髙山が二人だけで会って、腹を割って話し合うべきだと考えていました。直接会談を実現すべくふたりは奔走していました。

一二月六日、オリンパスの第三者委員会は調査報告を発表しました。私は第三者委員会をいくらか見くびっていたことを認めなければなりません。実に見識の高い報告書でした。そこでは次のような事実認定がなされました。

オリンパスは、下山社長時代の八五年以降、金融資産の積極的運用に乗り出しましたが、バブル崩壊のあおりで大きな損失を出しました。その損失をとり戻そうとその後もハイリスクな運用を続けた結果、九〇年代後半には含み損が一〇〇〇億円近くまで膨らんだのです。その損失の計上は何年にもわたり先送りされてきたものの、九七年から九八年にかけて、金融資産の会計処理が取得原価主義から時価評価主義に転換する動きが本格化した状況を踏まえ、巨額の含み損が表面化するのを防ぐために、アクシーズ・ジャパン証券の中川やAXAMインベストメント／AXESアメリカの佐川、グローバル・カンパニーの横尾らコンサルタントの協力を得て、オリンパスの連結決算の対象とならない複数のファンドを作って、そこに含み損を抱える金融商品を簿価で買わせて「飛ばし」ていました。

この「飛ばし」による損失「分離」スキームはヨーロッパ、シンガポール、日本の三ルートで行われました。こうして連結財務諸表から含み損を分離して、ごく限られた人間しか知らない闇の中へと隠したのです。しかし、受け皿となるファンドの資金は、オリンパスの口座の預金を担保にした貸付から調達されており、返済する必要がありました。また、ファンドへの出資金も償還してもらう必要がありました。そこで生み出されたのが、企業買収を利用した損失「解消」スキームでした。

山田および森は、前述のコンサルタントと協議のうえ、ファンドが安価で購入したベンチャー企業をオリンパスが高値で買い取ることで生まれた差額や、あるいはファンドに巨額の報酬を支払うなどして作った資金を還流させることにしました。そして、「飛ばし」に関与したファンド等の借入を解消して、口座から担保となっていた預金の払い戻しを行い、ファンドへの出資の償還も受けられるようにしたのです。オリンパスが余分に支払う金額は、のれん代として資産計上して、段階的に償却していき、損失の存在そのものを「消して」いく予定でした。

ジャイラス、国内三社の買収は、この損失解消スキームの一環として行われたのです。実行役は山田と森ですが、菊川や彼の前の社長の岸本正壽《きしもとまさとし》もこのスキームを了承していたそうです。当初の「飛ばし」に至っては、下山、岸本、菊川のオリンパス三代の社長が了承していたと報告されています。

第三者委員会は、このような事実認定を経たうえで、オリンパスは「経営中心部分が腐っており、その周辺部分も汚染され、悪い意味でのサラリーマン根性の集大成ともいうべき状態であった」と厳しく断罪しました。私についても言及があり、「歴代の社長には、透明性やガバナンスについての意識が低く、正しいことでも異論を唱えれば外に出される覚悟が必要であった（そのことは、ウッドフォードの処遇を見ても明らかである）」としたうえで、「本件不正は、新たに就任した外国人社長ウッドフォードによって指摘されるまで発覚しなかった。（中略）しかし、取締役会はこれに対して、調査を行うことなく同人を解職するという対応をした。オリンパスの取締役会はここでもチェック機能を果たせなかったことになる」と指摘しました。

さらには再発防止策として、経営陣の一新、関係者の法的責任の追及などを求めました。オリンパスが設立した第三者委員会がこのような結論に至ったのは喜ばしいことでした。もちろん、強制権限を持った当局の捜査がより重要とは考えていましたが、この報告は私と問題意識を共有していました。「取締役・監査役は、自らの企業と社会に対する責任の重さを自覚し、トップに遠慮することなく、疑問に思うことは経営会議や取締役会で自由闊達に議論すべきである」、「取締役・監査役は、信念をもち自らの職を賭す覚悟で、審議を尽くし、賛同できない案件について安易に妥協すべきではない」、「次のトップ候補を選ぶ際、そのような倫理観とコンプライアンス意識を持った者を選ぶべきである」などの指摘は、オリンパスにとって非常に重要でした。

一二月七日、高山は第三者委員会の調査報告を受けて会見を開きました。彼は、これまでの不正を重ねて陳謝したうえで、菊川や森ら旧経営陣の刑事告発を検討していると話しました。さらには、時期については明言を避けたものの、現経営陣の早期退陣を発表したのです。新しい経営陣は、外部の有識者を委員とする「経営改革委員会」の審議・承認を経て決定されるとのことでした。

ついで、オリンパスの再建策にも触れ、他社との業務提携や他社からの資本受け入れの可能性にまで言及しました。また、不正会計の訂正にあたり、かつて「飛ばし」ていた損失約一三五〇億円を帳簿に反映したため、すでに買収企業ののれん償却減損によって処理された約九〇〇億円を相殺しても、二〇一〇年度末の利益剰余金一六八二億円が五〇〇億円強減少することが明らかになりました。

高山は私についての質問にも答えました。「独断専行的なところはあった」が「われわれが出来なかったことを提起したことは評価する」と述べたにもかかわらず、解任理由の撤回はしませんでした。そのうえで、私の復職については「取締役を辞任しており、株主総会で信を問うことになる」として、会社は独自に新しい経営陣の候補を探し、私の提案と対決することを明言したのです。

宮田と和空の奔走も虚しく、高山は私との会談を拒否しました。理由は「忙しすぎる」とのことです。副社長の森嶌治人《もりしまはるひと》は宮田に、オリンパスの従業員は国内海外問わず私の経営方法に嫌気が差しており、誰も私の復帰を望んでいない、だから会談しても意味がないと言ったそうです。それは私や宮田が「グラスルーツ」から得ていた反応とは正反対のものでした。

「男性用トイレで隣同士になるのさえ嫌らしいよ」と和空はメールを送ってきました。これはなかばジョークですが、実際和空はオリンパスの秘書室長に「トイレで二分だけも無理ですか?」と尋ねたのです。

結局のところ、このときすでに高山に決定権はなかったのではないでしょうか。いくつかの情報源から、オリンパスの新経営陣選定の主導権はいまやメインバンクの三井住友銀行にあると聞かされていました。銀行が私の復職に全面的に反対していることも。私は自分の弁護士を通じて、三井住友銀行頭取の國部《くにべ》毅《たけし》に面会を申し入れました。メインバンクの真意を測るためです。メインバンクと喧嘩するつもりはありませんでしたし、私の行動は彼らの利益にもかなうと信じていました。

辞任を発表して以降、私はアメリカ、ヨーロッパ、アジアを旅して回っていました。株主の支援を求め、資本増強に協力してくれる出資者を募るためです。取材の申し込みも殺到していました。ふたたび訪れた怒濤《どとう》の日々に押しつぶされそうになっていましたが、私はもう孤独ではありませんでした。家族、宮田、和空だけでなく、良心ある多くの株主や投資家たち、そしてオリンパスの社員からの支持を得ていました。メディアも私の味方についていました。

一二月一三日、私は東京に戻りました。取材や会見、企業ガバナンスに関する民主党や自民党の作業部会への出席などの予定がありました。和空の提案で、日本のメディアにより強くアピールするため、今回は外国特派員協会でなく、日本記者クラブで会見を行いました。

また、もっとも重要なのは取締役候補たちとの面会でした。私は私以外の取締役は全員日本人で構成するつもりでした。オリンパスはグローバル企業であり、やがては外国人の取締役も増やすべきと考えていましたが、根っこは日本の企業です。名前は明かせませんが、私が話をしていたのは、一流企業の社長や経営幹部を経験した優秀な人材ばかりでした。彼らは日本の傷ついた評判を回復させたいという志を持った人々でした。誰が見ても納得するメンバーだったと思います。社外取締役の割合も全体の半分以上にして、厳しいガバナンスを行う予定でした。

ただ、候補者の全員が無条件で私への協力を約束してくれたわけではありません。私が「必勝」の態勢を整えることを条件にした者もいました。私は彼らの立場がよく理解できます。私の側に立つことに大きなリスクがあるのは確かでした。銀行に歯向かったり、よそ者の私に味方して、日本のタブーを冒すことにもなりかねないからです。自分の名前を公にしたうえで、全面対決に負けてしまえば、彼らの輝かしいキャリアに取り返しのつかないダメージを与えることになるでしょう。

必勝のためには、ひとりでも多くの株主の支持が必要でした。海外でも、日本でも。

翌一四日、オリンパスは関東財務局に過去五年分の訂正有価証券報告書と二〇一一年四月～九月の四半期決算報告書を提出しました。これで提出期限の遅れによる上場廃止をひとまずは免《まぬか》れました。東証は虚偽記載の影響が「重大」かどうか判断して、上場を廃止するか否かを決めることになっていましたが、結論が出るのはまだ先でした。四～九月期の連結決算は、売上高が四一四五億円（不正発覚以前の業績予想では四一〇〇億円）、営業利益が一七五億円（同一二〇億円）、純損益が三二三億円の赤字（同二〇億円の黒字）となりました。

問題は、不正に資産計上していたジャイラス他ののれん代四一六億円が資産として認められなくなったことで、自己資本比率が四・五パーセント（前年同期で一六・二パーセント）の危機的水準まで低下したことでした。早期の資本増強が必要でした。私は新株予約権無償割当などオリンパスの独立性が維持できる手段によって増資を図るべきと考えていましたが、現経営陣は他社との提携を視野に入れていると繰り返し述べていました。オリンパスを売ろうとしていたのは、髙山たちなのです。


その同じ日、私は今回の来日のもうひとつの重要な目的を果たしました。宮田の提案で実現したインターネット動画配信サイト「ニコニコ動画」内の「ニコニコ生放送」への出演です。それは、私の活動の意図を伝えるよい機会でした。それに、出演者と視聴者のリアルタイムなコミュニケーションが可能となるネット放送では、社員や株主、顧客の生の声を確認することもできるのです。髙山らはずっと、社員は私の復帰を望んでいないと言いつづけていました。もしそれが真実なら、もし本当に望まれていないのなら、オリンパスに戻っても何の意味もありません。

この出演にいくばくかの不安があったのも事実です。インターネットは必ずしも統制のとれたメディアではありません。一歩間違えば、リアルタイムの激しい非難にさらされる可能性もありました。罵詈雑言《ばりぞうごん》のコメントばかりが続き、その噂がネット上で拡散されれば、ネガティブ・キャンペーンを拡大させてしまう恐れさえあったのです。

しかし、宮田が私の出演を強硬に主張しました。彼は以前に一度、孫《まご》の後押しもあり、「グラスルーツ」の主催者として「ニコニコ生放送」に出演したことがあったのです。そのとき視聴者から得たポジティブな反応から、私がオリンパスの社員と十分な対話を行うには、「ニコニコ生放送」のような革新的メディアがもっとも有効だと彼は説きました。世論も社員もかならず我々に味方するはずだ、と彼は信じていました。でも、そうでなかったらどうなるのでしょう？　出演前はかなりの緊張を感じていました。

夜の九時三〇分過ぎ、時間から少し遅れて番組がスタートしました。スタジオは開放されており、様々なジャーナリストが番組の行方を見守っていました。アナウンサーの内藤聡子《ないとうさとこ》が進行を務め、出演者は私と宮田と和空の三人でした。和空が通訳をしてくれました。

まずは、「グラスルーツ」に寄せられたオリンパス社員、株主、顧客からの質問に答えていきました。質問は宮田が選びましたが、どれも厳しい内容でした。彼は容赦を知らない男です。たとえば、「現経営陣がウッドフォード氏の解任理由を独断専行の経営手法としているのにどう反論しますか?」と聞かれました。それは皮肉な質問でした。菊川のほうがよほど独裁的で、権威的だったからです。私はそのように答えました。「オリンパスに復帰した際には、それに反対した社員を排除して改革を進めるつもりですか?」という質問には、まったくそんなつもりはない、と答えました。排除すべきは悪い経営陣だけです。社員のせいではありません。数カ月前に私自身も首を経験していました。排除されるつらさはよくわかっています。

視聴者は厳しい質問を歓迎しました。私は「カメラはコア事業であり潰さない」「ハゲタカファンドとは組まない」「外国にオリンパスの技術は売らない」「他社との資本提携は独立性を危うくするのでやらない」とこれまでの主張を繰り返しました。そして、私は高山ら現経営陣といつでも会社の将来について話し合う用意があると強調しました。私の答えは視聴者たちには意外に受け止められたようです。既存のメディアを通じて知った私のイメージとは異なっていたのでしょう。

驚くべきことに、三万人近い人々が番組を見ていました。オリンパスの社員や株主だけでなく、一般の方々も。非常に民主的な討議の場でした。私が視聴者からの質問に答え始めるころには、ポジティブなコメントがネガティブなコメントを完全に上回っていました。「がんばれ」「かわいい」とも言われました。私の疲労を心配してくれる方々もいて、「倒れるな」「温泉でも行ってほしい」との声も上がりました。

心配は杞憂に終わりました。それどころか、私は心からの感動を覚え、涙がこみ上げてきたほどです。質疑応答後に取られたアンケートでは、視聴者の七五・二％が私への支持を表明してくれました。不支持はわずかに九・一％でした。一連の騒動で揺れ動いていた私の日本への想いがふたたび蘇った瞬間でした。

そして最後に宮田が高山と森嶌にこう呼びかけました。

「グラスルーツ」を立ち上げて以来、私は一貫して「この問題は社外の力を借りず、社内で決着をつけよう。ウッドフォード氏が正しく、あなた方が間違っていたことを率直に認め、ウッドフォード氏を中心に、氏と協力してオリンパス再生への道を構築して欲しい」と訴えてきました。

多くのステークホルダーに多大なご迷惑をおかけしている今、膨大な無駄を生むプロキシーファイトなぞに貴重なエネルギーと時間を浪費する暇はありません。しかしあなた方は私の呼びかけに応ずることなく、「ウッドフォード氏は経営トップとして不適格者であり、彼が復帰すれば多くの従業員が不幸になる。オリンパス再生にウッドフォード氏の協力は必要ない」として、一貫して和解を拒否してきました。

高山さん、森嶌さん、本日ウッドフォード氏は私の求めに応じて、私のサイトへ寄せられた従業員、株主様、ユーザー様からの疑問、異論、反論に、（特に厳しいもの、ネガティブなものを優先して選んだにもかかわらず）そのすべてに自分の言葉で答えてくれました。今度はあなたたちの番だと思います。ニコニコ生放送のディレクターの了解の上でお二人に呼びかけます。

この場でウッドフォード氏と同じように、従業員、株主様、ユーザー様、そしてオリンパスの行く末を心配してくれている多くの皆様の不安、疑問に、みずからの声で答えていただきたいと思います。

その上でなお対決を望まれるのであれば、やむを得ません、次の株主総会で決着をつけてください。


番組が終了するとすぐ、宮田のもとにはオリンパスの従業員からのメールが殺到しました。ほとんどが、「よくやった」「感動した」という内容でした。私たちは会社のネガティブ・キャンペーンをはね返し、私が望まれていないという会社の嘘を覆したのです。

第15章　拒絶　二〇一一年一二月（2）

しかし、宮田の呼びかけを髙山と森嶌は完全に無視しました。彼らはニコニコ動画からの出演のオファーをにべもなく断ったのです。それは彼らがずっと取ってきた「拒絶」の戦略です。

一二月一五日、「ニコニコ生放送」の翌日、訂正決算報告の提出後の会社の方針について、髙山らが会見を開きました。彼はまず決算の訂正について陳謝したうえで、三月か四月に臨時株主総会を開き、外部有識者で構成される経営改革委員会の承認を得た会社再建案を提出すると発表しました。この再建案にはもちろん新経営陣の提案も含まれます。しかし、私を唖然とさせたのが、髙山の次のコメントです。

「現経営陣には、損失隠しに責任がない者もいる。新しい経営陣に残る者が出てくるかもしれない」

前週の会見やそれ以前に社員に送ったメッセージと完全に矛盾していました。複数の記者がその点を厳しく追及しましたが、高山はそれをニュアンスの違いと逃げました。

さらに、高山は私とのプロキシーファイトについては、「株主にも影響をあたえるので出来ればしたくないと考えており、現経営陣が考えている新経営陣案をウッドフォード氏にも理解していただきたい」としながらも、協力体制を築くために私と会うことはしないと断言しました。ずっと予定が詰まっている、からだそうです。

高山は「ニコニコ生放送」を観たのでしょうか？　私の主張に対する社員からの賛同の声を聞かなかったのでしょうか？　それに、現経営陣が全員辞職するとは限らないというのは恥ずべきことでした。第三者委員会が総退陣を求め、高山は約束したのではなかったでしょうか。また、私に会えない理由も子供じみています。こんな理由がまかりとおるのでしょうか？　そもそも、会って話もできないのに、どうやったら私が新経営陣案を「理解」できるのでしょうか？

もし、高山や森嶌が「ニコニコ生放送」へ出演したら、どんなコメントがついたことでしょう。しかし、彼らがそのような民主的な場に出てくることはないのです。

宮田はそれでも、副社長の森嶌を通じて交渉の糸口を見つけようとしていました。彼は話し合いによる解決が会社の将来にとってベストだと信じていました。宮田の粘り強さは驚異的です。宮田はオリンパスの骨のある社員、ＯＢ、労働組合に声を上げるように促し、会社を揺さぶりつづけていました。ですが、高山らの拒絶はかたくなでした。

私を拒絶したのはオリンパスだけではありません。

一二月二〇日、私の弁護士に三井住友銀行新宿西口支店の支店長から連絡が入りました。頭取の國部は私には会えないとの返答でした。オリンパスの再建計画が経営改革委員会の手に委ねられているので、介入したくないというのです。信じがたい理由でした。オリンパスの新経営陣の選定に、彼らが関与していないなどと誰が信じるでしょうか。結果を見れば、新しい経営陣の会長には三井住友銀行出身者が就くと発表されているのです。海外の株主は反対していますが。経営改革委員会のメンバーにも三井住友銀行に近いと報道された人物が入っていました。

國部との会談を望んだのは、彼の考えを理解するためでした。そして、私に銀行と対立するつもりがないことを分かってもらいたかったのです。私がオリンパスに戻れたとしても、最大の債権者とうまくいかないのであれば、経営が成り立つわけがありません。

國部とは以前に何度か会っていましたが、実際のところあまりよい印象を持っていませんでした。社長就任後に一度、菊川と二人で彼のオフィスに挨拶に行ったことがありました。三〇分ほどの短い会見でしたが、國部と菊川が親しげに雑談をしただけで、私は一言も発言を許されませんでした。話しかけられもしませんでした。國部はアメリカで教育を受けており、英語が話せたはずです。その後も投資家向けの会合などで顔を合わせましたが、そこはかとない敵意をずっと感じていました。もちろん、私の勘違いかもしれませんが。

國部と菊川は懇意にしていたように思います。それが面会拒否の理由かもしれません。自分の友人に余計なことをしてくれた、しかも貸している金が回収できなくなったらどうするんだ、ということかもしれません。ですが、私の告発は株主への責任を果たすためのものでした。第三者委員会もその正当性を認めています。つまり、私の行動は大株主の三井住友銀行のためでもあったのです。面会すら拒否されるのは心外でした。

そもそも、オリンパスに巨額のM&A費用を融資したのはどこの銀行なのでしょうか？　これはまだ解明されていない問題です。無価値な会社を買収するための融資が審査で通ってしまうことがありうるのでしょうか。のちに、『FACTA』は次のように報じました。

有価証券報告書虚偽記載容疑のひとつ、英ジャイラス買収の際に、オリンパスからの融資要請に対し三井住友銀行の審査部がいったんは「買収金額が高すぎる」などと難色を示し、融資すべきでないと「ノー」の判定を下していたという。これに他のメガバンクも追随、ジャイラス買収が危ぶまれた時期があった。が、菊川社長（当時）と親しい三井住友銀行幹部がこれを覆し、融資にゴーサインを出したため、他行も右へならえとなった。

審査部の判断を覆したのが事実とするなら、なぜだったのか。実は三井住友銀行がオリンパスの「飛ばしの内情を知っていて、その穴埋め処理をバックアップしたのではないか」との推測も成り立つ。東京地検特捜部と警視庁捜査2課の合同捜査が続いている最中に、痛くないハラ（？）を探られたくないので、銀行OBをCEOに送り込んで蓋をしたいのではないか、と関係者は見る。（『FACTA』オンライン版記事　二〇一二年二月二〇日付）

もちろん、この記事の真偽はまだ明らかではありません。朝日新聞も後日、この件について三井住友銀行とオリンパスの広報部に問い合わせましたが、どちらも「個別の取引に関する事項であり、回答は差し控える」（法と経済のジャーナル Asahi Judiciary 二〇一二年三月一日付）と返答しました。この記事はこう続きます。「関係者によると、英国の医療機器会社「ジャイラス」の買収については三井住友銀行などからオリンパスに融資された事実があるという。しかし、アルティスなど国内3社の買収や、ジャイラス優先株の助言会社側からの買い取りのために、三井住友銀行からオリンパスに融資された事実はないという」

オリンパスがどこから買収資金の融資を得たか、あるいは手元資金で賄ったのかは今回の事件のひとつの重要な要素になるはずです。私が社長に戻れたとしたら、当然この件について徹底的に調査したことでしょう。それが面会拒絶の理由ではないといいのですが。

私は各国当局の捜査やマスコミの調査報道にぜひこの点を明らかにしてほしいと期待しています。もちろん、オリンパスの資金が反社会的勢力へ流れていたのかも含めて。

第16章　撤退

二〇一一年一二月〜二〇一二年一月

一二月二一日、東京地検特捜部と警視庁、証券取引等監視委員会が合同でオリンパス本社、菊川らの旧経営陣の自宅、買収した国内三社のオフィスなど関係先二十数カ所を一斉捜索しました。『FACTA』の最初の記事から五カ月、『フィナンシャル・タイムズ』の記事から二カ月以上が経っていました。どうしてこの年末の時期が選ばれたのかは分かりませんが、遅すぎる捜索だったと私は思っています。証拠を隠滅するのに十分な時間があったからです。それでも、当局が強制捜査に乗り出したのはよいことでした。第三者委員会も任意調査の限界を認めています。

クリスマスから年明けまではスペインのブルゴスにあるナンシーの実家とカナリア諸島のラ・

ゴメラ島で過ごしました。ラ・ゴメラ島は日差しにあふれた美しい土地です。依然として忙しいことに変わりありませんでしたが、妻や家族と今後について話し合う良い機会でした。

年の瀬までに、イギリスの『インデペンデント』紙などが私を「今年の人」に選んでくれましたが、祝うような気分ではありませんでした。このままプロキシーファイトを継続すべきか心に迷いが生じ、悩んでいたからです。オリンパスの安定株主が全体の三〇〜四〇%と推定されるのに対して、私を支援してくれる株主はたった三週間で二〇%を超えるところまで増えてきていました。今後の働きかけや個人株主の浮動票を考慮すれば、十分勝負になる数字です。三月か四月の株主総会までにはまだ時間がありました。

それでも、髙山や國部からの拒絶を受けて、虚しさが募っていたのも事実でした。メインバンクの三井住友銀行との協力関係がなければ、七〇〇〇億円近くの有利子負債を抱えたオリンパスの経営は極めて難しいものになるのは明らかです。別の仲介者を通じて、三井住友銀行の役員クラスにもアタックしましたが、またもや門前払いでした。三菱東京ＵＦＪ銀行、みずほ銀行、日本生命などの日本の大株主にも面会を拒否されました。まるで全員で示し合わせたかのようです。私を支援してくれていたのは主に海外の株主でしたので、このままでは「内」と「外」の対立構造を生み出してしまいます。これは私の本意ではありませんでした。

私の勝利が会社のためになるのか、自分が一体何のためにすべてを犠牲にしてまで動いているのか、次第に分からなくなってきていました。

「誰もあなたの復帰なんて望んでないのよ」ナンシーは言いました。

「そんなことはない……」

私は力なく答えました。

一連の騒動を通じて、私はまったく正反対の二種類の日本の人々に出会いました。一方は、ビジネス界の一部の極めて保守的な人々です。メインバンクや日本の大株主、オリンパスの取締役会はこちらのグループに属していました。もたれあい、事なかれ主義、秘密主義が蔓延し、機能不全に陥ったグループです。彼らも建前上、会社のガバナンス強化の重要性などと謳っていますが、それはお題目に過ぎません。オリンパスの不正の不適切な後処理に、積極的あるいは消極的に関与したのですから。こちら側の人々は、ナンシーの言うように誰も私の復帰を望んでいませんでした。

もう一方で、宮田や河原や和空、そして「ニコニコ生放送」に参加してくれたみなさんに代表される人々がいました。民主的で、高潔で、やさしさと思いやりにあふれた世界に属する人々です。私が日常的に触れていたのはこちらの人々でした。新宿で買い物をしていても、代々木公園を歩いていても、人々は明るく、親切でした。カフェや飛行機の中でも、多くの日本の方々から激励の言葉をもらいました。「あなたは正しいことをした」「がんばってほしい」と。こちら側の人々は「グラスルーツ」のウェブサイトなどを通じて私の復帰を応援してくれていました。「日本を変えてほしい」という切実なメールを送ってきた人さえいました。

私は彼らの期待に応えたいと真摯《しんし》に思っていました。オリンパスを、日本を変えたいと思っていました。それでも、私ひとりでできる変革には限界があります。たとえ、私がプロキシーファイトに勝ったとしても、国内の銀行や株主と海外の株主とのあいだに深刻な対立を引き起こすことになります。関係者すべてがぼろぼろに傷つき、憎しみ合った状態では、改革などとてもできません。あるいは、現経営陣がソニーや富士フイルムのような会社に第三者割当増資を行えば、議決権のバランスが変わり、私が勝つことは難しくなるでしょう。そうなれば、私が戻れないだけでなく、オリンパスの独立性が失われることになるのです。私に負けるぐらいなら、現経営陣はこちらの道を選ぶ可能性もありました。もちろん、増資に伴って一株あたりの価値が下がることで既存の株主も損害を被《こうむ》ります。

どちらの道を行っても、オリンパスの利益にはなりません。

ナンシーはもう潮時だと強く主張していました。家族の負担は限界を超えていました。彼女は私が長期間極度のストレスにさらされていることも心配していました。たしかに、神経のすり減る、本当にハードな戦いでした。内部告発者となり、一匹狼のように会社と戦ってきたことに後悔はありません。もう一度生まれ変わっても、私は同じ事をするでしょう。それでも、ナンシーや家族の生活を狂わせてきた事実は否定できません。

心は次第に、撤退の方向に傾きはじめました。宮田や和空は私の気持ちに理解を示してくれましたが、決めるのは時期尚早だと諭《さと》す仲間もいました。

翌年一月五日の朝、私は日本に戻りました。定宿の新宿のパークハイアットに着くと、海外の機関投資家や関係者と連絡を取り合って、勝算や会社への影響をぎりぎりまで見極めました。撤退を決断してしまえば、半生を捧げたオリンパスや私の家族と言ってもいいキーメッドともお別れだと思うと、心が揺れました。支援してくれてきた現役の社員を裏切ることにならないかとも思いました。しかし、決断を先延ばしにするのは私らしいやり方ではありません。家族のこともありました。オリンパスの利益を考え、冷静な判断をくだす必要も。

一六時から、朝日新聞の記者奥山俊宏《おくやまとしひろ》の単独インタビューに応え、私はそこで撤退の意向を暗に伝えました。彼はずっとこの事件を追いかけてきた優秀なジャーナリストです。彼はいち早くロンドンまで飛んできて取材をしてくれました。最後ばかりは日本のメディアにスクープを渡して、敬意を表したいと思ったのです。欧米偏重はフェアではありません。

その後、関係者やジャーナリストらをホテルの部屋に呼んで、夜遅くまで議論を重ねました。撤退の意思は奥山に伝えてあり、現に撤退しかないと思いつつも、最後の可能性を模索したかったのです。和空がいつものように通訳を務め、私たちは煎餅《せんべい》をつまみにビールや日本酒を飲みながら話をしました。ほとんどの者がメインバンクを敵にまわすことや内外に対立をもたらすことの無意味さに理解を示しました。それでもなお、仲間の一部は撤退に猛烈に反対しました。感情的になる人物もいました。

「この決断をなぜ今するんだ？　しばらく様子を見てからでもいいじゃないか？　これから何が起きるか分からないんだ」

彼の気持ちは痛いほどよく分かりました。彼は自らのキャリアを大きなリスクにさらして協力してくれていたのです。司法当局の捜査も継続中で、我々に有利な展開になる可能性もありました。それでも私は撤退を決断しなければなりませんでした。メインバンクを含む日本の株主が私を受け入れてくれないのならば、社長に戻る資格はありません。社長を決めるのは株主なのです。度重なる拒絶を受けたあとで、私は確信していました――今後どのように転んでも、彼らが私を支援することはない、と。残念なのは、彼らと直接会って、その考えを聞くことすらも許されなかったことです。

その日の深夜、小さい記事でしたが、朝日新聞のウェブサイトに第一報が載りました。翌日、世界じゅうのメディアが私のプロキシーファイトからの撤退を報じました。

こうして私の戦いは終わりを告げたのです。

第17章　未来

二〇一二年一月〜三月

44/Business

Business/45

UNBOWED DESPITE THE DEATH THREATS

Former Olympus boss Michael Woodford is The Independent's Businessperson of the Year in recognition of his fightback after he was sacked for blowing the whistle on the company's dirty secret. By **Jim Armitage**

英紙『インデペンデント』に特集される著者

その後、二〇一二年一月一〇日、オリンパスは菊川、森、山田ら旧経営陣に損害賠償を求めて訴訟を提起すると正式に発表しました。二〇日には、東証がオリンパスの上場維持を認め、会社の存続が決定的となりました。これは非常に喜ばしいことです。そして、二月一六日にはついに、東京地検特捜部と警視庁が、菊川、森、山田に加えて、社外のコンサルタント四人の計七名を金融商品取引法違反（有価証券報告書の虚偽記載）容疑で逮捕しました。彼らは翌月、再逮捕されています。三月六日には、証券取引等監視委員会が法人としてのオリンパスを証券取引法および金融商品取引法違反の罪で告発しました。

逮捕は当然の結末でした。日本の捜査当局と面会した際、彼らが広範な捜査を行うとの印象だったので、予期していた結果でもありました。各国の当局にはぜひ、まだ解明されていない多くの疑問を明らかにして欲しいと思っています。銀行や監査法人の関与の有無、そして反社会的勢力への資金の流れは、特に厳正に捜査されるべきです。

『日本経済新聞』の記事（二〇一一年一一月一二日付）によれば、菊川らは、ジャイラスや国内三社だけでなく、ＩＴＸを通じて一〇〇以上の会社を買収するために、多額の資金を使ったようです。現在、新事業子会社を統括するオリンパス・ビジネスクリエイツの傘下には「ペット向けサービス会社やＤＶＤ製作会社など、本業の内視鏡やデジカメとの関連が薄い企業」も多く、そのほとんどが赤字だとの菊川のコメントが報じられています。これらの会社は誰から買われたのか、誰が金を受け取り、その背後には誰がいたのか？　本当の損失はいくらなのか？　真相がすべて白日の下にさらされるまで事件は終わりません。

私は菊川に個人的に仕返しがしたかったわけではありません。だから、逮捕によって喜んだり、ほっとしたりということもありません。今の彼にかける言葉もありません。正義がなされた、ただそれだけのことです。

私は現在オリンパスとイギリスの法廷で係争中です。会社による不当な解任に対して損害賠償を求めています。私の四年間の契約は、たった半年で打ち切られてしまったのです。ここまでお読みになられた皆さんには、その不当さを理解していただけると思います。

私の第一の目的は解任の不当さを認めさせることです。訴訟に勝つか、あるいは和解して賠償金を得たとしても、私はそれを個人的な遊興に使うつもりはありません。子供に遺産を残すことにも興味がありません。子供たちは自分で自分の食い扶持《ぶち》を稼ぐべきです。私自身もそうして成長してきたのです。

私はアメリカの株主から菊川、髙山と共に株価下落の責任を問われて損害賠償を求められています。そのために、アメリカで弁護士を雇い、私を被告から外してほしいと交渉中です。イギリスでもオリンパスとの訴訟のために弁護士を雇い、日本でも私の代理人としての弁護士がいます。これらの法律費用は莫大です。私は無職なので、結局、サウスエンドの自宅を抵当に入れて、費用を借りなければなりませんでした。賠償金のほとんどはその返済に使われることになるでしょう。また、残った賠償金があれば、私は（妻と仕事以外では）もっとも情熱を傾けている交通安全運動に使うことを考えています。私はイギリスの人権団体「リプリーブ」や非営利の国際人権組織「ヒューマン・ライツ・ウォッチ」もサポートしており、大半はこうしたチャリティに使われることになります。

三月二〇日、私は『フィナンシャル・タイムズ』が選ぶ「ボールドネス・イン・ビジネス・アワード」の贈賞式に招かれました。「ボールドネス」とは勇気や大胆さを意味します。会場はあの大英博物館です。カール・マルクスが資本主義を鋭く批評する『資本論』を書いた場所でビジネスの賞を授与するというのはちょっとしたアイロニーを感じましたが。

晩餐会では、四〇〇〇年以上も昔の物言わぬ巨大なエジプトの芸術品たちに見つめられながら、『フィナンシャル・タイムズ』の編集責任者ライオネル・バーバーと、賞のスポンサーである世界最大の鉄鋼メーカー、アルセロール・ミッタルの会長兼CEOラクシュミー・ミッタルのあいだの席に私は座りました。ミッタルはイギリス一の大富豪です。

私は「今年の人」賞を受賞しました。光栄なことに、イギリスの全国紙四紙が、私を「今年の人」または「今年のビジネスパーソン」に選んでくれたのです。四つの新聞がすべて同じ人物を選んだのは史上初のことでした。

プロキシーファイトからの撤退のあとでもっとも気の晴れる出来事でした。それでも、私の好きなラドヤード・キップリングの詩「もしも」の「もしも、勝利と悲運の両方を経験しても、どちらの騙《かた》りにも同じ態度で臨むことができるなら」という一節を胸に留め、晴れ舞台だからといって浮かれないよう気をつけました。私はこのキップリングの詩のアンティークの印刷物を額装したものと、アメリカ版初版のジョージ・オーウェル『動物農場』を新宿モノリスビルのオフィスに飾っていたのですが、解任されたときには持ち出せませんでした。のちに、弁護士を通じてオリンパスに問い合わせましたが、どちらも存在しないとの返答でした。宙に消えてしまったのでしょうか。

『フィナンシャル・タイムズ』は、私の子供たちも快く式に同伴させてくれました。会場で二十一歳以下だったのは私の息子と娘だけです。その晩、何よりもうれしかったのは、このような権威ある集まりでのエドワードとイザベルの振る舞いでした。場の雰囲気にうまく馴染み、社交的で、どんな大物にも、シャンパンを給仕してくれたウェイターたちに対しても、物怖じせずに接していました。息子と娘は、相手の地位にかかわらず、一人ひとりを尊重していました。このことが、私とナンシーにとってその晩の本当のご褒美でした。

ライオネル・バーバーは、スピーチで次のように述べました。

「二〇一一年にボールドネス・イン・ビジネスの精神を体現した人物を一人挙げるなら、それはマイケル・ウッドフォードです。彼を選ぶにあたっては、審査員のあいだで真剣な議論が交わされました。告発や会社への大規模な反乱を扇動しているように誤解されるかもしれない、という懸念があったのです。しかし、こうした懸念は、受賞者を選ぶロジックが明瞭になるとすぐに消えました。ウッドフォード氏は、不正行為を告発することで相当なリスクを負ったのです。彼は、社長としての自己の利益に反した行動をとったと言ってよいでしょう。それによって、職を失うことも予想できたのですから。それにもかかわらず、正しいことをしたのです。正しい会計監査を求めて運動を起こし、日本の当局に対し行動するよう促したのです。彼は、大胆さの見本です。審査員たちもその大胆さに倣《なら》って、彼を選びました」

結局、オリンパスの新しい経営陣は、旧経営陣とメインバンクの主導によって決まりました。会長には元三井住友銀行専務の木本泰行《きもとやすゆき》が就き、新社長に執行役員の笹宏行《ささひろゆき》がオリンパス内部から昇格するとすでに発表されています。準メインバンクの三菱東京ＵＦＪ銀行と大株主の日本生命の出身者がひとりずつ役員に入っています。旧経営陣がすべて退任することや、多くの社外取締役を迎えることは評価できます。それでも、まるで銀行の管理下に入るようなこの結果には大きな不満を覚えています。外部の独立した有識者からなる経営改革委員会が私のことを何か考慮した様子はありませんでした。それに、彼らが承認した取締役および監査役の指名委員会の二人のメンバーは菊川体制を支持しつづけた社外取締役の林田康男《はやしだやすお》とかつて私を取締役会で糾弾した来間でした。またしても茶番です。誰が書いたのかは知りませんが、台本通りの結末なのでしょう。

三月二一日、サウスイースタンをはじめとする海外の機関投資家九社は、四月二〇日に行われる臨時株主総会でこの新体制に反対する意向を表明しました。この九社でオリンパス株全体の二五～三〇パーセントを所有していると言われています。これは異例のことです。私のプロキシーファイトのときでさえ、九社がこのような共同声明を出すことはなかったのですから。彼らは声明で、会長候補者や他の取締役候補の一部は、オリンパスのメインバンクと密接な関係があり、これによって利益相反が生じる可能性があるとしたうえで、「真に独立した取締役会長を選び、昨年一二月六日の第三者委員会の報告書に沿った形で主要経営者を任命するよう要請する」と述べました。

これは極めて重要なメッセージです。オリンパスはグローバル企業として、株主からのこの呼びかけにどう応えるのでしょうか？　海外のメディアもオリンパスの対応を注視しています。またしても無視するつもりなら、その代償は高くつくことになるでしょう。

四月の臨時株主総会で今回の事件は一区切りつくことになります。海外の株主の声明によって、一波《ひと》乱が起きないとは言えませんが、私自身はここが引き際だと感じています。河原一三のようにオリンパス株をすべて売り払ってしまうかどうかは決めていませんが、これを機に社長への復帰を目指す活動は終わりにします。今後のことは時間をかけて考えるつもりです。三〇年働いてきた会社との別れは、長年連れ添った妻との離婚のようなものです。急に新しい相手に乗り換えることは慎み深いとは言えません。それに、オリンパスは何千という優秀な技術者を抱えており、トップがそれほど有能でなくても、それなりの成果を残せるポテンシャルがあります。心配はしていません。

もちろん、すべて納得のうえで身を引くわけではありません。事件に区切りがついても、問題の「病巣」が真の意味で取り除かれたわけではないからです。そこはかとない気味の悪さというか、気持ち悪さを依然として感じています。みなさんはどうでしょうか？　今回の中途半端な幕引きはオリンパスにとっても、日本にとっても決して最善の形ではありませんでした。まさに玉虫色としか言いようのない決着によって、オリンパスの傷ついた評判も、日本企業全体のガバナンスへの疑念も変わらず残ったままなのです。今回の問題を受けて、どんなポジティブな変化が日本に起きたのでしょう？

プロキシーファイト撤退後に会ったあるアメリカ人の投資家はこう言いました。

「しかたない、それが日本だよ」

彼の言葉はもっともかもしれません。しかし、私はイギリス人ですが、そんなふうに諦めたくはないのです。不合理と不可解の壁にはね返されはしましたが、私はくじけたりしません。これからも大きな声で、間違っていることは間違っていると声を上げていきたい。そういう意味では、私の戦いはこれからも続くのです。

オリンパスに成長の大きなポテンシャルがあるように、日本にもさらなる成長と改革の可能性があります。高い教育水準、細かな心遣い、モラルの高さ、真面目さ、その秩序。それは日本の大きな強みです。他の国すべてが持てるものでは決してありません。だからこそ、あのような大震災を乗り越えていく力があるのです。

そして、一人のセールスマンとしては、日本企業の飛び抜けた商品開発力に魅力を感じずにはいられません。日本の技術者はじつにすばらしい製品を生み出しています。日本の方々は誇りに思うべきです。しかし技術は一流ながら、企業間のもたれあいやジャーナリズムの未熟さのせいで、低級なガバナンスや二流の経営がはびこり、世界で戦うための力が失われているのです。そこさえ改善でき、日本の企業が復活を遂げれば、この国はふたたび活力を取り戻すはずです。高齢化や人口減少、ＧＤＰの二〇〇％以上の債務を抱えた日本の現状を考えれば、日本にとっては企業の復活こそが最重要課題なのではないでしょうか。

オリンパスに起きていたことは、もしかすると、日本全体に起きていることかもしれない、と私は危惧しています。優秀な国民がいるにもかかわらず、組織のどこかが腐っているのかもしれません。長い期間、代々受け継がれてきた根深い問題が未解決のまま見過ごされているのかもしれません。残念ながらオリンパスには正しい変化は訪れませんでした。しかし、日本は変わらなければなりません。さもなくば、長い緩慢な死を迎えることになるでしょう。私はオリンパスを変えられませんでしたが、みなさんにはまだ日本を変えるチャンスがあると思います。

方法は簡単です。目を逸らし、口をつぐむのではなく、勇気を持って立ち上がるのです。間違っていることは間違っていると声を上げるのです。

それだけのことで、日本の未来は拓けるのです。

マイケルのこと

オリンパス元専務
宮田耕治

マイケルとの最初の出会いは、今でも良く覚えている。一九八〇年代の前半、ブラジルのサンパウロで開かれた世界消化器内視鏡学会の展示会でのことで、彼が二六か二七歳、私が四五か四六歳のころである。当時彼はオリンパス医療事業の英国代理店キーメッド社の販売課長、私はオリンパス本社の医療事業本部で海外営業部長だった。キーメッドの創業社長であるレディホフ氏は私より一〇歳ほど年上で、強烈な個性を持つ類稀な経営者であった。機会あるごとに摑まえて、彼から会社経営の話を聞くのが、私の海外出張時の楽しみになっていた。彼が「是非紹介したい若手社員がいる」というので、ディナーの前に彼のホテルのロビーで会う約束をした。

英国人の若者というので、私は勝手に金髪、長身で、どこか外国人を見下すような感じの若者を想像していた。だからマイケルがすぐ傍に来て「ウッドフォードです。お目にかかれて嬉しいです」と手を差し伸べるまで、気がつかなかった。どことなく東洋の匂いが感じられる顔、欧米人としては浅黒い肌、そして私より二〇歳近く年下にもかかわらず、既に無視できない圧倒的な存在感を醸し出していた。

　最初の出会いがそんな具合だったのに加えて、その日の夜、レディホフ氏から「まだ極秘だが、実は彼にキーメッドの社長を引き継がせることを考えている」と言われ、仰天するほど驚いた。当時キーメッドにはオリンパスの資本が入り、レディホフ氏の年齢を考えると、トップ交代はオリンパス本社にとっても重要な経営課題であった。キーメッドはオリンパス製品の輸入販売以外にも、自社製品の開発製造を手がける社員数百名の企業で、当時レディホフ氏の創業当時からの右腕といわれた役員をはじめ、ベテラン幹部がずらりと並ぶ中、二五、六歳の販売課長を後継者にするなど、全く正気の沙汰とは思えなかった。私の反応を笑いながら眺め、「何故⁇」と質問する私に、レディホフ氏は次のような説明をしてくれたのである。

「コウジ、この世の中には掃いて捨てるほどたくさんのグッドナンバー2と、ごく一握りのグッドナンバー1がいる。グッドナンバー2が知識、経験をつんでグッドナンバー1になれる確率は驚くほど小さい。だから経営トップの後継者探しは、グッドナンバー1を探し出し、それに必要な教育を施すことが不可欠になる。それが出来ず、手近なグッドナンバー2を後継者に選んだ時点から、組織の衰退が始まる」

まだ納得できず「グッドナンバー2とグッドナンバー1は、どこがどう違うのか？」と尋ねる私に、彼はこう答えた。

「経営トップは修羅場の舵取りだ。きれいごとだけで何とかなるほど単純ではない。だからこそ企業は間違ったことをやらないこと、正しいことをやりとおせることが大切になる。グッドナンバー1とグッドナンバー2の差は、この点に関するスタンスの強靭さの差である。修羅場に臨んでも、絶対に揺るがない、強靭な軸を持つこと、これが経営トップに求められる最大の資質だ」

それ以来、私はこの若者がレディホフ氏の言う「グッドナンバー1の素質を持つ最高責任者の器」であるかどうか、ずっと見守ってきた。私の裁量範囲で出来る限り、彼の責任範囲を広げ、高めて、それを彼がどうこなし、成長してゆくのかを観察し続けた。

二九歳でレディホフ氏に代わりキーメッドの社長となったマイケルは、経営の根幹にdiscipline（規律）とattention to details（細部へのこだわり）を掲げ、全ての経営課題を徹底的に追求し、最高のパフォーマンスを保証するための綿密な行動計画を練り上げ、組織の末端にいたるまでその詳細な実行を迫った。オリンパスグループ内からも「行過ぎたマイクロマネージメント」と揶揄されながらも、その成果の前には誰もが脱帽、拍手せざるを得なかった。彼が編み出したオリンパス内視鏡製品の詳細な販売方式、セールスマンの管理方式は、今でもオリンパスグループの標準的存在となっている。

ことほど左様に彼の経営スタイルは周りにも、又彼自身にも厳しく、成果が上がり、責任範囲、重さが高まるにつれて、その激務ぶりは極まっていった。「このまま行くと、つぶれるのでは？」との危惧を私が持ち始めたころ、彼の「グッドナンバー1」としてのもう一つの重要な側面に触れる機会が訪れた。

彼が仕事で東京を訪れていた二〇〇三年秋のある日、仕事を終え、ディナーの約束場所へ向かう車の中で、外苑東通りの赤坂高校前横断歩道の付近に差し掛かると、突然彼が運転手に「ストップ！」と大声をかけた。驚いて左へ寄って停車した運転手にしばらく待つように声をかけ、ポケットから小型のデジタルカメラ（勿論オリンパス製）を取り出した彼は、車を下り、激しく行き交う車を避けながら、いろいろな角度からその地点の様子を撮影し、納得すると何事もないように車に戻り、ディナーへと向かった。

それから数日後、彼から私宛にいくつかの写真を添付した長いメールが届いた。それは当該地点の危険性を指摘し、具体的な解決策を提案するもので、私に対し「この地点の交通信号設置を統括する機関と、その部門の責任者の名前を調査し、手紙を和訳してその責任者宛に書留便で送付し、手紙が到着後電話でフォローアップをして欲しい」との内容が、丁寧だが有無を言わさぬ口調で書かれていた。当時の彼はキーメッド・グループの統括責任者で、来日中も短い滞在日程を正に分刻みの予定でこなしていたはずで、一体何時このような時間が取れたのか、あきれながらも彼の要求にしたがって、当該地点を管轄する警察署に電話をかけ、上位部署である警視庁交通部交通管制課を割り出し、その課長宛に長い手紙を送付した。二〇〇三年一〇月一六日のことである。その後、この地点で彼が要求するとおりの安全措置（故障が圧倒的に少ないＬＥＤ方式の追加信号機の設置）がとられた二〇〇五年春までの間、やり取りした手紙、ＦＡＸ、電話の数は膨大で、この案件一件だけでも、彼が個人的に費やした時間は想像を超えるものである。

「超激務の中、なぜこのようなことにこれだけの情熱を燃やすのか？」との私の問いかけに、彼はむしろ驚いたように「私はこのような活動を既に二五年近く継続している。やる価値があり、私には出来ると信じているから、今後も続ける。日本では支援を頼みたい」とのこと。聞いてみると一四歳のころ交通事故を目撃し、その悲惨さ、家族の悲しみに触れ、又事故の原因が簡単な工夫で取り除くことが可能であることに気づき、以来ずっと交通安全運動に携わっているそうだ。欧州機構の国際組織にも加わり、長年の社会貢献に対して英国王室から叙勲を受けている。日本でも数件取り組んでいるが、言葉の壁、文化の違いに成果は欧州ほどには上がっていない、私のような支援者がいれば、今までよりもずっと成果が上げられる……これだけの激務の間を縫って、日本の道路安全性向上に精力を傾ける彼に、私は一日本人として恥ずかしかった。出来る限りの協力を約束した。彼は「私が死ぬとき、仕事の成果よりも、道路安全向上活動を通じて何人かの命を救えたかもしれないことに、数倍の喜び、満足感を味わうことだろう」とも言っていた。

外苑東通り赤坂高校前横断歩道の案件以来、既に一〇年近くが経過している。思い立って彼が主催するＮＰＯ（非営利団体）であるＳＲＦ（Safer Roads Foundation）の関係者に問い合わせてみた。正確な統計はないが、財団創設以前からマイケルが個人的にかかわってきた案件の総数は、世界中で一〇〇〇件を超えているとのこと。激務の社長業の中、これだけのことを一切の見返り無しに長期間やりとおす精神の高さ。ただものではない。

今回の「オリンパス事件」を通じて彼のとった一連の行動は、二五年前のレディホフ氏の見立てが全く正鵠を得たものであったことを、極めて鮮やかに立証している。誰もが口を閉ざし、見てみぬ振りをして「嵐の過ぎ去るのをじっと待つ」ことを選択する中で、マイケルはただ一人「決して譲ることが出来ない、自らの根幹となる価値観」を守り通したのである。素晴らしい技術、製品を持ちながら、世界を落胆させ、顧客の信用を損ない、株主価値を大きく毀損したオリンパス、しかも最後まで「ウッドフォードは経営者失格である」といい続け、多くの関係者が望んだマイケルの復職をこばんだまま、倒産した会社が銀行の管理下で再生を図るような新経営体制を選んだオリンパスの取締役会。二五年前にレディホフ氏が予言した通り、グッドナンバー2による「誤った道へ踏み込んだ」オリンパスを再生する道は、マイケル抜きで本当にあるのだろうか?

二〇一二年四月

巻末資料――著者が送った六通目の手紙／メール（日本語版）

（編集部注）以下の書面は明らかな誤記・誤植の訂正を行った他は、すべて原文ママとしました。

親展

2011年10月11日

菊川剛様
代表取締役会長 兼 最高責任者
オリンパス株式会社
163-0914
東京都新宿区西新宿2丁目3－1
新宿モリノス 私書箱 7004

菊川様

書簡6：当社M&A（合併・買収）活動に関する深刻なガバナンスの問題

上記の問題と9月30日（金）に行われた役員会に関連して、菊川氏と森氏への書簡に言及しましたように、役員会とE&Yシニア・グローバル・マネジメントに対して、当社のM&A（合併・買収）活動に関する深刻なガバナンスの問題に関する私の見解の結果も含めて書簡を提出するとの約束をいたしました。今回、私は、森氏よりいただきました様々な資料の検討を含めまして、この問題に対してより詳細な予備的調査を行う機会を持ちました。

9月30日の役員会の際お目にかかったときに説明しましたように、私には心から懸念する問題事項がいくつもありますが、まず下記にあげました2点の問題事項に特に注目しております。この問題点は、当社の財政的立場に否定的な影響を大いに与えると同時に、株主価値にも損失が生じるからです。

i）　ジャイラス社買収に関連して、オリンパス社へのファイナンシャル・アドバイスの報酬として6億8000万米ドルを超す金額がAXES/AXAMに対して支払われたこと。

ii）　2009年に6億米ドル近くののれん減損が行われていること。これはAltis社、Humalabo社そしてNews Chef社の企業支配力の過半数を獲得するために必要な投資が当社によって行われた半年後のことです。

検討を進めるにあたって、問題点の性質と複雑さのため、PricewaterhouseCoopers（PwC）社による法律・法廷会計サービスを受け、独立した専門的な優れた見解を受け取りました。これは主に、ジャイラス社買収に関連するAXES/AXAMとの関係とその後の処置に関係しているもので、PwCからの報告の30ページ目をこの書簡に添付いたしました。

10日前に東京に滞在した折、森氏と●●●●氏との会議の後、共通した理解と基礎を築いて前進することを私は心より願いました。しかし、PwCからの報告は関係者の行為を完全に糾弾したものであり、当社の役員を一新しない限りこの先前進していくことは不可能であることが、はっきりいたしました。

まず、下記に挙げた点は、2008年2月1日付でジャイラスグループ（GGL）買収に関連してAXES America LLC（AXES）とAXAM Investments Ltd（AXAM）への報酬支払いに関わる検討をまとめたものです。

1. ジャイラス社買収に関連するファイナンシャル・アドバイザーへの支払い

1.1 AXESとAXAMへの支払い

GGL買収に関連してオリンパス東京（OT）とオリンパス・ファイナンス英国（OF UK）によって、ファイナンシャル・アドバイスの報酬としてAXESとAXAMへ行われた支払いは下記のとおりです：

日時	金額	記述	支払い主	受取先
2006年6月16日	300万米ドル	基本報酬	OT	AXES America LLC
2007年6月18日	200万米ドル	基本報酬	OT	AXES America LLC
2007年11月26日	1200万米ドル	完了報酬（現金報酬）	OT	AXES America LLC
2008年9月30日	5000万米ドル	完了報酬（新株予約権）	OT	AXAM Investments Ltd
2010年3月31日	6億2000万米ドル	完了報酬（優先株）	OFUK	AXAM Investments Ltd
合計：	6億8700万米ドル			

1.2 2006年6月5日付、オリンパス社とAXESとの第1次ファイナンシャル・アドバイザー合意（合意1）

オリンパス社は、下記の条件において2006年6月にAXESとの第1次

合意に至りました。

買収先企業：●●●●社および●●●●社

合意された報酬体系は下記の通り：

—基本報酬は合計500万米ドル

—各買収につき、買収金の１％を完了報酬とする（この１％の報酬は、20％を現金で80％を株式で支払うことができる）。

検討結果：

i） この合意の準備の段階で法的アドバイスを受けていたが、このようなサービスの提供に対して報酬体系が妥当かどうかに関した専門的アドバイスは受けていない。

ii） AXESに関してデューデリジェンスが行われた証拠がない。

1.3 2007年6月21日付、オリンパス社とAXESとの第2次ファイナンシャル・アドバイザー合意（合意2）

当社は、2007年7月、AXESとの2度目の合意に至っている。これは第1次合意に代わるものであり、次の主要条件を含んでいます。

買収先企業：●●●●社、●●●●社、●●●●社およびジャイラスグループ

合意された報酬体系は下記の通り：

—完了報酬は買収金の5%（10億米ドル～25億米ドルでの買収の場合）

この5%の報酬は次のように支払いができる：

—15%現金（最高額1200万米ドルを限度とする）
—85%株式、および新株予約権

重要なことは、完了報酬の株式支払い分として使用された算出が、第1次合意での完全希薄化後の株式資本の4.9%より第2次合意では9.9%と、大幅に増加していることである。

さらに、完了報酬の現金支払いの支払期日が、第1次合意における実際の買収完了日から、第2次合意では取引の「告知日」に変更されている。

検討結果：

i）　第2次合意に関連して、外部機関による法律的アドバイスを受けていない。

ii）　このようなサービスの提供に対して報酬体系の妥当性に関し、専門的アドバイスを受けていない。

iii）　この合意への署名に先立って、役員会からの正式な承認を受けず、菊川氏、森氏そして山田氏によって「稟議」ということで承認がされている。この合意に関しては、約5か月後の2007年11月19日に役員会において事後承認されてい

る。

iv） 一見したところ、完了報酬は企業が買収された際、買収金の5%を最高金額と設定されている。しかし、実際の事項の文面では、実際には報酬を買収金の5%を限度としてはいない。それは株式算出と新株予約権体系は、この最高5%を大幅に上回ることを可能としているからである。

v） AXESによって提供されるサービスと同等のサービスの市場報酬価格に関連して、PwCは、この種の取引で設定される報酬価格は、買収価格の1%程度（例外的な状況下では最高2%）が妥当であるとの見解を示している。ジャイラス社買収金額が20億米ドルであったことを考えると、2000万〜4000万米ドルの報酬であるべきであるという結果になる。

vi） 2008年2月のジャイラス社買収時、この合意書に基づいて算出された報酬金額は、実際1億8900万米ドルに達し、買収金額の10%になっている。その内訳は下記のとおり。

現金：	1200万米ドル
株式新株予約権：	1億7700万米ドル
合計	1億8900万米ドル（ジャイラス社買収金額の10%に相当）

検討結果1.2および1.3のまとめ：

オリンパス社の関係役員は、合意に至るために(i)第3機関アドバイザーに対してデューデリジェンスを行っていません；(ii)報酬体系の詳細に関係して適切な専門的アドバイスを受けていません；(iii)合意に署名する前に、役員会による正式な承認がなされていません。この承認はジャイラス社買収後、この種のサービスに対しては買収金額の1%から最大2%が妥当（つまり2000万米ドル～4000万米ドル）な市場価格であるのに対し、1億8900万米ドル（ジャイラス社買収金額の10%）の報酬の支払い責任が生じています。

AXESに支払われた金額（適正な市場価格2000万米ドル～4000万米ドルに比較して、1億8900万米ドル）が非常に特別価格であるのにかかわらず、オリンパス社の財政的立場は、極めて厳しいものとなっています。それは次のとおりです：

1.4　GGLのキャピタル再編成

2008年4月1日付で、グローバル・オリンパス社は地域ごとに再編成を行い、2008年4月25日の役員会において、地域ごとにジャイラス社の事業再編成を実施することが合意されました。それは次の点に基づいています：

i）　ジャイラス社を新たな地域別構造に編入する。

ii）　ジャイラス社とオリンパス社の医療事業管理下における、よりよい連帯を確実にする。

このジャイラスグループの再編成の結果、ジャイラス社の事業が公開会社によるものと再び認識される可能性はなくなりました。オリ

ンパス社の関係役員は、そのためにAXESと交渉し、株式での支払を優先株式の発行に変更し、新株予約権を購入しました。それは次のとおりです：

—1億7700万米ドル相当の優先株式は、2008年9月30日にAXESに対して発行された。
—新株予約権に関する責任は、2008年9月30日にAXESに対して5000万米ドルを現金で支払うことで解決した。

この金額の算出がなされた根拠を示す証拠がなく、新株予約権に関する責任を解決させるために5000万米ドルを支払うことの妥当性に対して、専門的なアドバイスを受けた証拠もない。

1.5　優先株の発行、2008年9月30日

優先株発行は、第2次合意の結果として与えられたGGLの新株予約権の代わりとして、AXES/AXAMに出資者利益を還元することを目的に行われました。これらの新株予約権は1億7700万米ドルの価値と見なされました。

検討結果：

i）　AXESへの優先株提供に先立ち、関係オリンパス役員により下記の新株予約権に関連してAXESへの負債に見合ういくつかのオプションの検討がなされた。

—およそ2億米ドルの現金支払いによる負債返済

—ローンノートの発行
—定率優先株の発行

ii）　KPMGおよびWeil、Gotshal & Manges（WGM）の専門家の助言を受け、現金支払いについての2008年7月31日付けのアドバイスで、「現金支払いはオリンパスにとって、明らかに最も‘クリーン’な対応方法である」ため「KPMGとWeilにとっては好ましい方法」であり、「事業における将来的な少数株主出資の問題等も打開するであろう」と述べている。

助言の中で、KPMGとWGMは「現金支払いは米国の納税義務が直ちに生じるため、FA（ここではAXES）は強い態度で現金支払いに反対したことは理解している」と述べた。

関係オリンパス役員は最終的にこのアドバイスを受け入れず、AXESとの交渉を通して、将来的な企業成長を共に担う事と所得税納入義務の延期にこだわったため、優先株の発行により対応を進めた。

iii）　第2次合意の下に新株予約権に関する負債の代わりとして、AXIS宛に発行された優先株の価値を見極める算出が行われ、1億7700米ドルと評価された。

額面価格（1800万米ドル）の10%の配当金が永続的に支給される、額面価格1億7700万米ドル分の優先株の発行が決定された。後に、配当金はGGLの税金を差し引いた収益に

基くように変更され、税金差し引き後の収益見積もりの85%として固定された。(すなわち、2100万米ドル×85%=1800万米ドル)

優先株は上記に基づき、オリンパス、GGL、AXESおよびAXAMの間での株式引受契約にて2008年9月30日付けで発行された。

iv) しかし、株式引受契約締結の3日後の2008年10月3日、AXAMとの別途の書簡交換を通し、関係オリンパス役員が契約内容の変更に合意し、それによりAXAMは、特に重要事項に関するGGLの決断に対する拒否権を含めた管理権を取得した。

v) 優先株の発行に先立ち、AXAM側の投資家とケイマン諸島に登録された会社について、オリンパス役員がデューデリジェンスを行ったという記録がない。

vi) オリンパス役員は、a) 優先株の価格算出、および b) 新株予約権下の負債と同等の額に達するため適用されるべき年収益率について専門家に助言を求めなかった。

vii) AXESおよびAXAMとの株式引受契約締結から2か月にも満たない2008年11月25日、AXAM側からオリンパスにアプローチがあり、AXAMの全投資資産を清算する旨が伝えられ、AXAMはオリンパスに、他の団体への契約譲渡あるいは優先株の全買い戻しを要求しました。AXAMからのやりとりには、優先株評価を5億3200万米ドル～5億

9200万米ドルの間に位置づけた2つのAXAM側独自の査定が添付されていた。

2008年11月26日、関連オリンパス役員は、新光証券株式会社から独自の査定を受け、それにより5億5700万米ドルの評価が確認された。

2008年11月28日オリンパス役員会にて、5億3000米ドル～5億9000米ドルで優先株買い戻しが承認されました。

検討結果1.5のまとめ：

関係オリンパス役員は、現金支払いによる新株予約権負債の返却を提案した専門家の助言に反し、代わりに優先株の発行を決定しました。また、発行する優先株の価値と適応されるべき年収益率の算出にあたり、関係役員は専門家の助言を求めませんでした。これに加え、社内の優先株を与えるに先立ち、ケイマン諸島をベースとするAXAMと関わりのある団体に関して、関係オリンパス役員がデューデリジェンスを実行した記録も残っていません。

重要なことは、第2次合意の下での優先株（税金差し引き後のGGLの収益の85%分に相当する永続的な配当金）の発行により、1億7700万米ドル分の新株予約権の負債が、5億3000万米ドル～5億9000万米ドルの負債に変換されたことです。

基本料として既に支払われた額（500万米ドル）、完了報酬の現金払い（1200万米ドル）およびワラントの決済（5000万米ドル）を含め、GGL購入に要した費用の合計は、そういった同様のサービスの提供

が市場相場では1%、最大でも2%（2000万米ドル～4000万米ドル）であるのに比べ、この時点において5億9700万米ドル～6億5700万米ドルになります。

1.6　優先株による最終的な負債返済

2010年3月16日、AXAMを代表してサガワ氏からオリンパスに、7億3000万米ドルにてAXAM所有の全優先株を直ちに買い戻し、2010年3月末までに現金を送金するよう要請がありました。

このやりとりで、AXAM側はこの要求をサポートする計算資料を提供しました。これには下記に基づいた、「コントロール・プレミアム」に関して20%の向上が含まれました。

i）　2008年10月3日付けの書簡にてAXAMに与えられた重要決定に対する拒否権。

ii）　優先株の、税金差し引き後の収益の85%にあたる配当金を通して与えられた、企業価値の85%分の権利。

関係オリンパス役員は、企業の正味の資産価値、AXAMの拒否権およびコントロール・プレミアムも考慮した上で、独自の査定から5億1900万米ドルと評価しました。

交渉後、オリンパス役員は2つの額（7億3000万米ドルと5億1900万米ドル）の中間点として6億2000万米ドルでAXAMと合意しました。これは2010年3月31日にOFUKを通してケイマン諸島にてAXAMに支払われました。

検討結果：

i） AXAMとの交渉にて使用された5億1900万米ドルの評価額算出に関して、関連オリンパス役員が専門家の助言を求めたという記録がない。

ii） 2010年3月19日の役員会にて、6億2000万米ドルでの優先株再購入が承認された。

iii） 優先株の再購入により、2010年3月31日付けで395億円（4億3500万米ドル）ののれんの増加が確認された。

1.7 財政支援、不正経理、および監査報告書の適正について

i） 財政支援：

1985年英国会社法の下では、非公開有限責任会社が同社の株式取得に関して購入者に財政的支援を行うことは不法行為だった。優先株をAXAMに対して発行する際に、ジャイラスは財政支援をオリンパスに対して行っていたことになる。

同取引が行われた当時、そうした財政支援は刑事犯罪と見なされ、同社には罰金が、関係役員に対しては罰金、および最高2年間の懲役が科せられた。

さらに、関係役員は、忠実義務違反を犯したことになり、

従って会社が被る損失の責任を負い、また会社取締役資格剥奪法の下で役員資格の剥奪が処される。

ii） 不正経理：

2009年3月年度末のGGLの財務諸表に、次の両方に関して不実表示があった a）財務諸表と参考資料内の優先株の負債額（額面において）、および b）役員会報告書内の記述、「役員会の見解として、これら優先株の公正価額を見積もることには意義がない」。2008年11月28日のオリンパスの役員会で、株式の額面を大幅に上回る優先株の買戻し価格がすでに承認されており、従ってこれはGGLの役員による不実表示であることが明白である。

iii） 監査報告書の適正：

2009年3月31日年度末のGGLに関する監査報告として、KPMGは下記のように述べている。

「財務諸表が真正で公平に事実を示しているか否かの意見をまとめることが不可能である」

そしてまた、重要なことは、優先株については下記のように結論している。

「当社の意見では、適正な経理が維持されていたとは言えない」

1.8　ジャイラス買収でファイナンシャル・アドバイザーに支払われた報酬に関する検討結果の概要

PwCの報告書も踏まえて、これまでの調査結果をまとめることは重要であると考えます：

i）　ケイマン諸島登録の会社で2010年6月にライセンス手数料の未払いで抹消扱いになったAXES、またはAXAMに関して、いかなる種類のデューデリジェンスも行われた証拠がない。さらに、現地の会社登記簿の記載によると、同社は業務継続について法的な承認を受けていない。

ii）　合意2に記載される報酬体系の妥当性について、いかなる専門家のアドバイスも受けておらず、こうしたファイナンシャル・アドバイザーのサービスが、市場価格と比べて競争力のある価格であったのかどうかが確立できていない。

iii）　2007年6月21日、合意2に、役員会の正式な承認もないまま、菊川氏、森氏および山田氏によって「稟議書に基づいて」署名が行われ、そして5か月後の2007年11月19日になってから、役員会で事後承認を得るに至った。

iv）　この合意2の結果、ファイナンシャル・アドバイザーの報酬として、GGLの購入価格の12％相当、また同等のサービスの市場価格の10倍近くである2億4400万米ドルの負債を当社は抱えることとなった。

v）　関係オリンパス役員は、新株予約権の負債を現金払いで清

算するべきとのKPMG、Weil、Gotshal & Mangesによる専門的アドバイスを受け入れないことを選択し、その代わりにAXES/AXAMの要請通り、優先株の発行を決めた。

vi) 関係オリンパス役員は、優先株の価値、および、これら株式に適用する年収益率の算出に関して、専門的なアドバイスを受けなかった。合意2の下で与えられた新株予約権において使用された算出方法は負債を生むに至り、1億7700万米ドルから、5億3000万米ドル～5億9000万米ドルの負債に拡大した。

vii) 結局、6億2000万米ドルで優先株を買い戻すことで清算するに至った。

viii) GGLの買収でAXAM/AXESに支払われた合計報酬額は6億8700万米ドルに達し、これはGGLの購入価格の35%に達する。これに比べて同等のサービスの市場価格は、1%（2000万米ドル）から2%（4000万米ドル）である。

2. アルティス、ヒューマラボ、NEWS CHEF

下記は、アルティス、ヒューマラボ、News Chef（AH&N）買収に関わる検討から浮上したポイントの概要です。

2006年5月～2008年4月の間に、当社はAH&Nの大半の株式を買収し、2008年4月に最終的な買収を完了しました。

3社に対して支払われた、合計購入価格は下記の通りです：

会社	購入価格	購入日
アルティス	288億1200万円	2006年5月～2008年4月
ヒューマラボ	231億9900万円	2007年9月～2008年4月
News Chef	214億800万円	2006年5月～2008年4月
合計	734億1900万円 約7億7300万米ドル	

2009年3月31日決算の年度末会計の一環として、これら3社への投資は下記の通り評価損の計上が行われました：

会社	購入価格	購入日	2009年3月31日減損	償却済額の割合　%
アルティス	288億1200万円	2006年5月～2008年4月	196億1400万円	68%
ヒューマラボ	231億9900万円	2007年9月～2008年4月	183億7000万円	79%
News Chef	214億800万円	2006年5月～2008年4月	176億9900万円	83%
合計	734億1900万円 約7億7300万米ドル		556億8300万円 5億8600万米ドル	76%

つまり、株式の最終買収が行われた同年度中に、6億米ドルに上る損失となり、これは上記会社の価値の76%が減損となります。

検討結果：

i）　第3者株主（Dynamic Dragons II SPC、Neo Strategic Venture、Tensho Limited、Global Target SPC、New Investments Limited、Class Fund IT Venture）からの資金でアルティス、ヒューマラボ、News Chefの株を購入したにもかかわらず、オリンパス役員がこれらの株主のために適正なデューデリジェンスを行った証拠がない。

ii） 141P2009年5月12日年度末における役員会において減損の詳細が提示され、評価損の計上が承認されました。

iii） 2009年5月17日付で、●●●●氏、●●●●氏、および●●●●氏によって作成された、意思決定にかかわった役員に注意義務の違反はなかったことを弁明する内容の第3者報告を私は受理した。しかし、3社への投資額の多大な損失計上の意思決定に関して、同報告には何も触れられておらず、また、同報告の執筆者が参照した資料リストには、評価損の計上を承認した2009年5月12日の役員会の議事録はなかった。

このような巨額の投資額の損失は、関係役員が注意義務を怠らなかったとの報告の結論の材料として、最重要な事実であったはずです。

さらに同報告には、2009年5月12日に減損が役員会で承認された後である5月14日、5月17日、そして5月18日に行った執筆者と森氏、●●●●氏、および●●●●氏間の議論について言及されているが、これにより、同報告の執筆者には情報が伝えられていなかったとの懸念が生じる。

iv） 同社は、2008年4月の最終的な株の購入に至るまでに合計8億米ドルにも上る投資を行ったものの、最終的な株の購入が行われたのと同年度中に、この投資はほぼ6億米ドルの幅で減額され、すなわち25％の価値に下がった。

3. これまでに挙げたそのほかの懸念事項

2011年9月23日付の森さんへの私の最初のレター内で、ジャイラス買収におけるファイナンシャル・アドバイザーへの報酬、そして3社に関連するのれん代の減損の懸念に加えて、その他多くの懸念事項を挙げました。あなたもご理解いただけるはずですが、焦点である上記セクション1と2にハイライトされた事項の他にも、下記に関する私の質問にお答えいただくようお願いします：

―ジャイラスの買収による、のれん代と無形資産に対する完全な減損テスト
―Bio Tech
―ITXおよび、他の会社
―監査人をKPMGあずさ監査法人から、アーンスト・アンド・ヤング新日本有限責任監査法人に変更した背景

4. 結論

ジャイラス買収に関するPwCの報告書に明らかな通り、非常に多くの悲惨な誤り、そして並外れてお粗末な判断力、これが重なってアルティス、ヒューマラボ、News Chefの買収は、13億米ドルというショッキングな額に上る株主への損失となりました。これは、ロンドンの悪徳トレーダーによって多大な損失額が雇用主に生じたことで、その管理に不備があったとの理由から上級管理職が辞任した、近年のUBSのスキャンダルと似通っています。私の見解では、ジャイラスをはじめ、実質的に価値のない企業を買収したという問題は、オリンパスの下級職員ではなく、最高級管理職員によってこうした取引が執り行われたことから、いろいろな意味で、さらに悪い

事態だと言えます。

トム、9月29日木曜日のミーティングで、お粗末な判断であったと私に認めたことはさておき、アルティス、ヒューマラボ、およびNews Chefの買収で、日経上場の大企業であるオリンパスが、ケイマン諸島の会社に報酬として7億米ドル（ジャイラスの買収額の35％に達する）もの度重なる支払いを行い、さらに、この会社は究極的に誰が所有しているか当社には未だに不明であり、従って、関連当事者が関わっていないとの監査人による検証が不可能である事態は、まさに途方もない話で、正直言って信じがたいものです。もし、報酬に支払われた絶対額、そして誰に対してこれを支払ったのかわからないという両方の事実が、日本および世界の株主の知るところとなれば、当社の評判へのダメージは計り知れないでしょう。PwCの報告書に強調されているように、オリンパスがAXAMに6億2000万米ドルの最終支払いを行った3か月後である2010年6月に、AXAM Investments Limitedはライセンス手数料の未払いで抹消されているのです。

また、日本の株主については、既にご存知かとは思いますが、私の代表取締役社長（CEO）就任が公式ウェブサイトにて日本語でまだ発表されていないことに関して懸念しておりましたので、私と森さんの間でやりとりを行いました。森氏は銀行との関係がデリケートであるとおっしゃっていましたが、適切な法的手続きが済んだ暁には、私からのやりとりおよびPwCの報告書のコピーを転送した上で、銀行および全ての主要株主に相談を行っていただければと思います。私としましては、彼らに直接お会いし、率直かつ直接的に当件についてお話をさせていただくことに全く問題ございません。これらの団体はもちろんそれぞれの投資家に対して、正当かつ適切

な方法で投資が行われるよう管理するという各自の責任があります。

会社の利益を優先し、名誉ある前途を歩むためには、いかなる局面から考慮しても恥ずべき事件であるこれまでの経過に対する結果に、あなたと森さんが直面することが必要です。現状に至ってはもはや擁護できない事態であることが明白であり、これから前向きに進む上での対策として、あなた方両者が役員会から辞任することが必要です。このアプローチで現状の手立てを慎重に扱うことが可能となり、オリンパス社、およびあなた方自身の評判悪化を最小限に抑えることができます。もし、あなた方に辞任の意思がないということであれば、私の主たる責務である信認義務の下、当社のガバナンスに関して私が持つ基本的な懸念をしかるべき団体に提起することとなります。

日本には明日戻りますが、東北に行きますので、あなたと森さんには金曜日にお目にかかって、今後の具体的な対応を話し合いたいと思います。

敬具

マイケル・C・ウッドフォード、MBE
代表取締役社長 兼 最高執行責任者
オリンパス株式会社

2011年10月11日付、オリンパス株式会社によるジャイラス買収に纏わるガバナンスについての懸念、中間報告在中

cc：オリンパス役員会：

取締役副社長執行役員、グループ経営統括室長　森　久志氏
取締役副社長執行役員、医療事業グループ　森嶌　治人氏
取締役専務執行役員、コーポレート・研究開発センター　柳澤一向氏
取締役専務執行役員、映像事業グループ　髙山　修一氏
取締役常務執行役員、ものづくり革新センター　塚谷　隆志氏
取締役常務執行役員、コーポレートセンター　中塚　誠氏
取締役専務執行役員、アジア・オセアニア統括グループ　鈴木正孝氏
取締役執行役員、ライフ・産業事業グループ　西垣　晋一氏
取締役執行役員、コーポレートセンター　川又　洋伸氏
Corporate, Olympus Corporation of the the Americas　社長渡邉　カール氏
常勤監査役　山田　秀雄氏
常勤監査役　今井　忠雄氏
社外取締役　来間　紘氏
社外取締役　中村　靖夫氏

アーンスト&ヤング・マネージング・パートナーズ、日本、欧州、米国：

J・ターリー氏、グローバル会長&最高責任者
V・コクラン氏、グローバル・マネージング・パートナー、グローバル・クオリティ&リスク・マネジメント
加藤Y氏、エリア・マネージング・パートナー－日本エリア
ハウSジュニア氏、エリア・マネージング・パートナー－米国

オティ氏、エリア・マネージング・パートナー－EMEIA

森・濱田松本法律事務所：

宮谷　隆氏、パートナー、弁護士

［執筆協力］
宮田耕治
ミラー和空
Kimiko de Freytas-Tamura

［翻訳協力］
中村ハルミ
藤井美佐子
加藤万里子

［主要参考資料・引用文献］
ジョージ・オーウェル『動物農場――おとぎばなし』、川端康雄訳
（岩波文庫）
ＦＡＣＴＡ
オリンパス・ホームページ　適時開示情報
http://www.olympus.co.jp/jp/corc/ir/data/tes/2012/
オリンパス　第三者委員会報告書
法と経済のジャーナル Asahi Judiciary
フィナンシャル・タイムズ
ニューヨーク・タイムズ
ロイター
日本経済新聞

［写真提供：共同通信］
p. 8, p. 34, p. 160, p. 206

解《かい》　任《にん》
2012年4月10日　初版印刷
2012年4月15日　初版発行
＊
著　者　マイケル・ウッドフォード
発行者　早川　浩
＊
印刷所　中央精版印刷株式会社
製本所　中央精版印刷株式会社
＊
発行所　株式会社　早川書房
東京都千代田区神田多町2−2
電話　03-3252-3111（大代表）
振替　00160-3-47799
http://www.hayakawa-online.co.jp
定価はカバーに表示してあります
ISBN978-4-15-209291-5　C0034
Printed and bound in Japan
乱丁・落丁本は小社制作部宛お送り下さい。
送料小社負担にてお取りかえいたします。

日本で「正義」の話をしよう DVDブック

――サンデル教授の特別授業――

マイケル・サンデル
小林正弥監修・解説
鬼澤忍訳
A5判上製

英語・日本語完全対訳ブック＋二カ国語音声ＤＶＤ

医療や教育に市場原理を適用すべきか？　遺伝子工学が提起する本当の倫理的問題とは？　ハーバード屈指の政治哲学の教授による、六本木で開かれた一夜限りの哲学教室。活発な対話の先にある、「正義にかなう社会」の姿とは？　英語学習にも最適な永久保存版。

ハヤカワ・ノンフィクション

偶然の科学

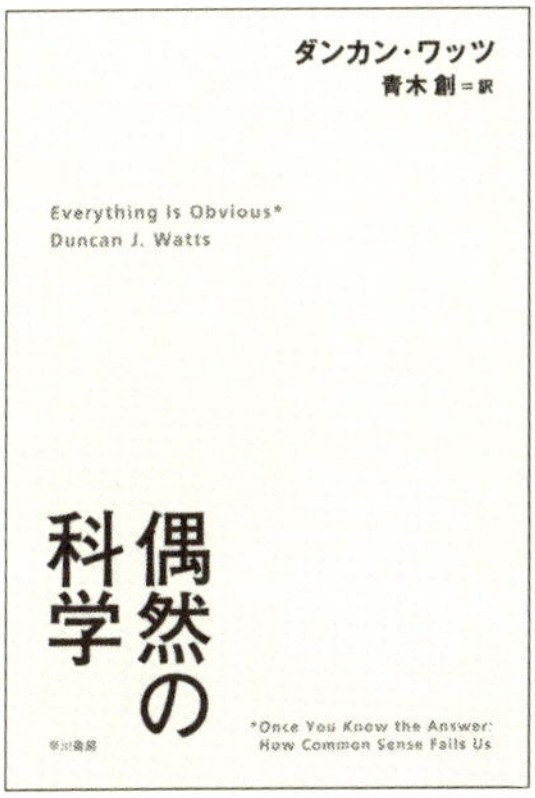

Everything Is Obvious

ダンカン・ワッツ

青木 創訳

46判上製

ネットワーク科学の革命児が明かす、
「偶然」で動く社会と経済のメカニズム！

なぜ「あんな本」がベストセラーになるのか。なぜ有望企業を事前に予測できないのか。人間の思考プロセスにとって最大の盲点である「偶然」の仕組みを知れば、より賢い意思決定が可能になる――。スモールワールド理論の提唱者が説き語る、複雑系社会学の真髄。

ハヤカワ・ノンフィクション

ニンテンドー・イン・アメリカ
――世界を制した驚異の創造力

Super Mario

ジェフ・ライアン
林田陽子訳

46判並製

「ドンキーコング」から3DSまで。
米国人ジャーナリストが見た
任天堂とマリオのすべて！

史上類を見ないゲームキャラクター、マリオはいかにして米国で誕生し、世界中で愛されるに至ったか？　山内溥、横井軍平、荒川實、宮本茂、そして岩田聡らの活躍を軸に、世界を魅了し続ける任天堂の栄光と試練の歴史を描く。一気読み必至の傑作ノンフィクション